深海生物大事典

THE ENCYCLOPEDIA OF DEEP-SEA CREATURES

成美堂出版

目次

Contents

※生物についているマークの色は
生息水深の目安を表しています

- ダイオウグソクムシ　　　　　　　　10
  世界最大の等脚類

- ダイオウイカ　　　　　　　　　　　14
  世界最大級の無脊椎動物

- メガマウスザメ　　　　　　　　　　18
  巨大な口を持つが、おとなしいサメ

序章	深海の世界	22
第1章	中層（200-1000m）＋漸深海底帯（200-2000m）	27
第2章	漸深層（1000-3000m）	167
第3章	深層・超深層（3000m以深）＋深海底帯・超深海底帯（2000m以深）	211
	鯨骨生物群集	233
	湧水域・熱水噴出域の生物群集	245

脊索動物門（せきさくどうぶつもん）　魚、クジラ、ホヤ、ナメクジウオなど

- ギンザメ　　　　　　　　　　　　　28
  深海に生きるサメの親戚

- ゾウギンザメ　　　　　　　　　　　30
  象のような鼻をもつギンザメ

- テングギンザメ科の仲間　　　　　　32
  ユニークな鼻をもつ仲間たち

- ミツクリザメ　　　　　　　　　　　34
  口の中から口が飛び出す

- ラブカ　　　　　　　　　　　　　　36
  フリルのついた細長〜いサメ

- カグラザメ　　　　　　　　　　　　40
  どんどん泳いでなんでも食べる

- ダルマザメ　　　　　　　　　　　　42
  獲物の肉をはぎ取る歯

- ニシオンデンザメ　　　　　　　　　44
  世界一のんびり屋の魚

漂泳生物

脊索動物門　Chordata

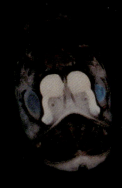

- シーラカンス　　　　　　　　　　　　　　　46
  蘇った化石魚
- シギウナギ　　　　　　　　　　　　　　　48
  長すぎる体と嘴を持つウナギ
- ホウライエソ　　　　　　　　　　　　　　50
  捕らえた獲物は逃さない「マムシ魚」
- デメニギス　　　　　　　　　　　　　　　52
  透明なドームに包まれた望遠眼
- テンガンムネエソ　　　　　　　　　　　　54
  調光自在の深海のホタル魚
- ヨコエソ科の仲間　　　　　　　　　　　　56
  深海を領する大家族
- ワニトカゲギス科の仲間　　　　　　　　　58
  ワニのように噛み付く深海のハンター
- オニボウズギス　　　　　　　　　　　　　60
  伸縮自在の胃袋をもつ、深海の大食漢
- ミツマタヤリウオ　　　　　　　　　　　　62
  小さく弱い雄と、髭を生やした強い雌
- ハダカイワシ科の仲間　　　　　　　　　　64
  無数の発光器官をもつイワシ
- リュウグウノツカイ　　　　　　　　　　　66
  背ビレを波打たせて優雅に泳ぐ
- ラクダアンコウ　　　　　　　　　　　　　68
  光る疑似餌で獲物を誘う
- ミドリフサアンコウ　　　　　　　　　　　70
  派手だけど、深海では目立たない
- ノロゲンゲ　　　　　　　　　　　　　　　72
  日本海を代表する深海魚
- ザラビクニン　　　　　　　　　　　　　　74
  コンニャクみたいに柔らかい
- スイショウウオ　　　　　　　　　　　　　76
  透明な血が流れる唯一の魚
- ヒカリボヤ科の仲間　　　　　　　　　　　78
  小さな個虫が作る大きな共同体
- サルパ科の仲間　　　　　　　　　　　　　80
  深海の長い首飾り

漂泳生物

脊索動物門　Chordata

※生物についているマークの色は
生息水深の目安を表しています

- **オオグチボヤ**　140
  大口を開けて待ち構える

- **マッコウクジラ**　168
  ダイオウイカを食べる潜水クジラ

- **アカボウクジラ科の仲間**　170
  闇につつまれた真の潜水王者

- **オオクチホシエソ**　172
  トラバサミ式の顎をもつ

- **ミナミシンカイエソ**　174
  捕らえた獲物は逃がさない

- **ミズウオ**　176
  好き嫌いせずになんでも食べる

- **オオイトヒキイワシ**　178
  海底に降り立った天使

- **ソコボウズ**　180
  「坊主」のような白い深海魚

- **オニアンコウ科の仲間**　182
  雌がいないと生きていけない

- **ヒレナガチョウチンアンコウ科の一種**　186
  まさに「毛だらけの釣り人」

- **ペリカンアンコウ**　188
  取り付いて離れて―孤独なペリカン

- **サウマティクチス科の一種**　190
  口から突き出る発光器

- **クジラウオ科の仲間**　192
  デコボコの孔には意味がある

- **オニキンメ**　194
  開いた口が塞がらない「鬼の牙」

- **ニュウドウカジカ**　196
  坊主頭の深海魚

- **フウセンウナギ目の仲間**　212
  胃を大きく膨らませる深海ウナギたち

- **ヨロイダラ**　214
  堂々たる姿の深海層の王者

- **チヒロクサウオ**　216
  超深海で泳ぎ回る魚

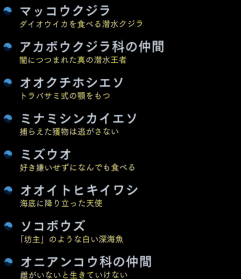

脊索動物門　Chordata

- ゲイコツナメクジウオ　　　　　　　　　　234
  鯨骨が好きな変わり者
- ヌタウナギ　　　　　　　　　　　　　　　236
  ヌタをまとった嫌われ者

棘皮動物門　ヒトデ、ウニ、ナマコなど

- ニホンフサトゲニチリンヒトデ　　　　　144
  ヒトデを食べる獰猛なヒトデ
- ウルトラブンブク　　　　　　　　　　　146
  ウルトラサイズの変わり者
- キタクシノハクモヒトデ　　　　　　　　148
  海底を覆う星形の群れ
- オキノテヅルモヅル　　　　　　　　　　150
  蔓のようなクモのようなヒトデ
- カンテンナマコ科の仲間　　　　　　　　152
  寒天状の深海ナマコ
- エボシナマコ属の仲間　　　　　　　　　220
  カラフルな烏帽子をかぶったナマコ
- クマナマコ科の仲間　　　　　　　　　　222
  超深海底帯にも生息するナマコ
- ユメナマコ　　　　　　　　　　　　　　226
  泳ぎが得意な変わったナマコ

軟体動物門　イカ、タコ、貝など

- ハワイヒカリダンゴイカ　　　　　　　　82
  光る墨を吐いて逃げる小さなイカ
- アメリカオオアカイカ　　　　　　　　　84
  食欲旺盛な「赤い悪魔」
- カリフォルニアシラタマイカ　　　　　　86
  まるで真っ赤に熟したイチゴ
- ユウレイイカ　　　　　　　　　　　　　88
  透明な体で漂う「幽霊」のようなイカ
- サメハダホウズキイカ科の仲間　　　　　90
  深海の小さなホウズキ

軟体動物門　Mollusca

※生物についているマークの色は
生息水深の目安を表しています

200〜1000　1000〜3000　3000〜6000　6000〜

- **オウムガイ**　94
  5億年前の姿を伝える「生きている化石」
- **メンダコ**　96
  深海を滑る赤い円盤
- **ジュウモンジダコ**　98
  大きな耳と広がるスカート
- **クラゲダコ**　100
  敵の目を逃れる透明な体
- **スカシダコ**　102
  限りなく透明に近いタコ
- **ハダカカメガイ（クリオネ）**　104
  翼を持った海の妖精
- **ミズヒキイカ科の仲間**　198
  長すぎる腕を持つ謎のイカ
- **ウスギヌホウズキイカ**　200
  忍者のように姿を隠す
- **ダイオウホウズキイカ**　202
  鉤爪を持つ巨大イカ
- **コウモリダコ**　204
  敵の目を巧みに欺く「吸血鬼イカ」
- **ヒゲナガダコ**　206
  視力を持たない唯一の頭足類
- **ヒカリジュウモンジダコ**　208
  発光器官をもつ光るタコ
- **ヒラノマクラ**　238
  骨に群がる貝の群れ
- **オオナミカザリダマ**　240
  鯨骨に集う貝類を狙う
- **スケーリーフット**　246
  鎧をまとった謎の巻き貝
- **シロウリガイ**　248
  深海研究のシンボル的存在
- **アルビンガイ**　250
  殻の表面に毛が生えている巻き貝

漂泳生物

底生生物

節足動物門 エビ、カニ、ウミグモなど

● オオタルマワシ 　樽と共に生き、育つ	106
● ギガントキプリス属の仲間 　ギネスに登録された世界一の眼	108
● ハリイバラガニ 　おいしいカニにはトゲがある	154
● オオウミグモ科の仲間 　消化も呼吸も脚におまかせ	156
● カイコウオオソコエビ 　世界の最深部で生きるための秘訣	218
● ブラザースレパス 　熱水を彩る花のつぼみ	252
● ゴエモンコシオリエビ 　胸毛だらけの大泥棒、五右衛門	254
● ユノハナガニ 　温泉が好きすぎる白いカニ	256
● エゾイバラガニ 　イバラだらけの捕食者	258

環形動物門 ゴカイ、ハオリムシなど

● オヨギゴカイ 　優雅に泳ぐ変わったゴカイ	110
● ホネクイハナムシ 　鯨の骨をむさぼるゾンビ	242
● ガラパゴスハオリムシ 　長さ3mの群生する巨大ワーム	260
● マリアナイトエラゴカイ 　世界一熱さに強い動物	262
● メタンアイスワーム 　氷とともに生きる謎の生物	264
● ウロコムシ科の仲間 　鱗の下に秘めたギャップ	266

※生物についているマークの色は生息水深の目安を表しています

有櫛動物門(ゆうしつどうぶつもん)　クダクラゲ類

- テマリクラゲ科の仲間　112
  深海で光る小さな手鞠
- コトクラゲ　114
  「皇帝」の名を持つ不思議なクラゲ
- オビクラゲ　116
  深海を漂うビーナスの帯
- キタカブトクラゲ　118
  兜のようなクシクラゲ
- ウリクラゲ科の仲間　120
  綺麗に見えてすごく獰猛

漂泳生物

刺胞動物門(しほうどうぶつもん)　クラゲ、イソギンチャクなど

- アカチョウチンクラゲ　122
  赤提灯のような傘が伸び縮み
- ツリガネクラゲ　124
  まるでガラスでできた釣り鐘
- クダクラゲ目の仲間　126
  一人は皆のために、皆は一人のために
- ハッポウクラゲ　130
  深海を漂う人工衛星
- キタユウレイクラゲ　132
  大迫力のたてがみを持つ
- クロカムリクラゲ　134
  世界の海に君臨するハンター
- ミズクラゲ科の仲間　136
  巨大な傘を持つクラゲたち
- ダーリアイソギンチャク　158
  海底に咲く大輪の花
- クラゲイソギンチャク属の仲間　160
  まるでパックリ開いたがま口
- オトヒメノハナガサ　162
  海底に咲く一輪の花

漂泳生物

底生生物

刺胞動物門　Cnidaria

- **セトモノイソギンチャク科の仲間**　228　生物 底生
  陶器のようにザラザラの体

その他 Others

微生物、ギボシムシ、カイメンなど

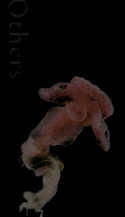

- **植物プランクトン**　138　生物 漂泳
  深海生物を支える存在

- **ギボシムシ綱の一種**　142
  花びらのような新種のギボシムシ

- **カイロウドウケツ**　164　生物 底生
  ガラスで編んだヴィーナスの花籠

- **超深海微生物**　230
  世界で一番深い場所に生きる生物の正体

- **硫黄酸化細菌**　268
  暗闇で有機物を作り出す

- **超好熱メタン菌**　270
  35億年前から生命を支える

この本の見方　How to use this book

1 生体のシルエットと、大きさを比較する目安を掲載した。

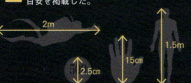

2 その生物が食べる主な獲物をアイコンで示した。内容は以下の通り。

 ヒトデ類　 カニ類
 クラゲ類　イカやタコなど
 エビ類　 小型プランクトン
 魚類　 貝類

分類については目・科を掲載し、種の名前は原則和名で表記する。生物写真は、種が分かるものは学名と和名を掲載し、不明なものは「属名 + sp.」のように掲載した。

Bathynomus giganteus | 等脚目スナホリムシ科ダイオウグソクムシ

世界最大の等脚類

ダイオウグソクムシ

[分布] メキシコ湾、大西洋、インド洋
[水深] 200〜2000m
[主な食性] 死肉食性

[体長] 約40cm

　ダイオウグソクムシは節足動物の等脚目に属するので、陸上にいるダンゴムシやフナムシなどの仲間である。「大王」という名前にふさわしく、等脚目の中で最大の体長を誇る種で、同じ属には大王ではない、オオグソクムシという種もいる。

　ダイオウグソクムシの背中側には、胸部に7枚、腹部に6枚の細長く堅い甲羅が並んでいる。腹側には7対の歩脚に加え、脚が板状に特化した5対の遊泳脚を持つ。海底を歩くだけでなく、遊泳脚と尾節を用いて素早く遊泳することもできる。頭部には三角形の複眼が二つ付いているが、この複眼の大きさは、エビやカニを含めた甲殻類の中でも最大級である。

食べなくても生きられる？

　2014年、水族館で飼育されていたダイオウグソクムシが、5年間以上何も食べずに生き続けたことが報告された。死亡後の体重や体長は絶食前とほとんど変化していなかった。地球上のどの動物でも、乾眠状態（体の水分がほとんどない休眠状態）でない限り必ずエネルギーを使う。いったいどんな仕組みで長期間の絶食が可能になったのか？

　死亡後の個体の胃には胃液が130ccも残っており、その中には酵母様の真菌が発見された。ただ、この菌と絶食の関係は、まだ分かっていない。

ダイオウグソクムシ
Bathynomus giganteus

オオグソクムシ
Bathynomus doederleinii

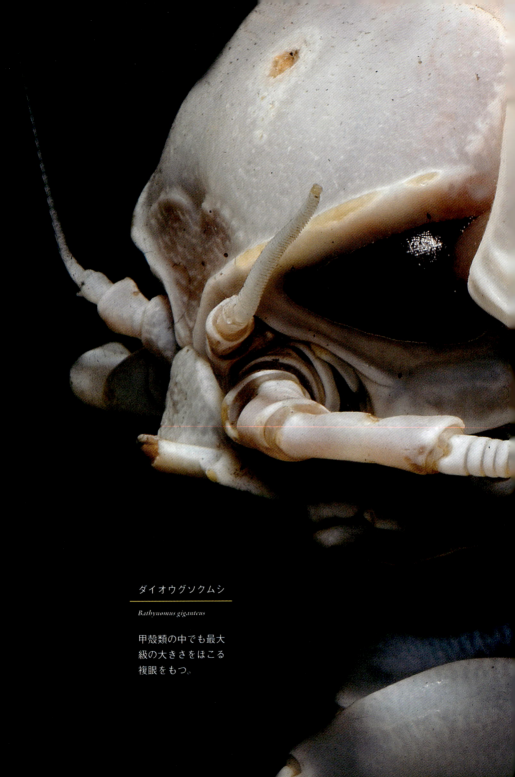

ダイオウグソクムシ

Bathynomus giganteus

甲殻類の中でも最大級の大きさをほこる複眼をもつ。

Architeuthis dux ｜ ツツイカ目ダイオウイカ科 **ダイオウイカ**

世界最大級の無脊椎動物

ダイオウイカ

|分布| 太平洋、インド洋、大西洋
|水深| 数百〜1000m
|主な食性|

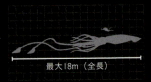

最大18m（全長）

|外套長| 最大5m

　ダイオウイカはダイオウホウズキイカ（p202）と並び、世界最大級の無脊椎動物である。直径30cmにもなる巨大な眼を持っており、これも生物界で最大級といわれている。

　ダイオウイカはその巨体を支えるため、大量の獲物を食べていると考えられ、胃の内容物からは、イカ類やソコダラのような魚類などが多く見つかっている。冷たい深海にすみ、このように大きな体をもつダイオウイカは、市場で見られるスルメイカやケンサキイカの寿命（1年）より、長生きであろうと考えられている。

　獲物を狩る際は、長い一対の触腕を巧みに操り、先端に並ぶ4列の大きな吸盤でしっかりと獲物を捕らえる。また、イカ類は遊泳力が高く、自由自在に素早く泳ぎ回ることができる。外套膜を膨らませて海水を吸い込み、勢いよく吐き出すことで推進力を得ている。この遊泳力も狩りには有力な武器になっているだろう。

最大の天敵、マッコウクジラ

　そんなダイオウイカの天敵はマッコウクジラだ。マッコウクジラの胃からは見事なサイズのダイオウイカが見つかっている。ダイオウイカの大きな体は、クジラにとっては巨体を支える大事な食物になる。

　世界各地で漂着した死骸が発見されているものの、ダイオウイカの生きた姿をとらえた例は非常に少ない。その生態は未だ多くの謎に包まれており、我々を惹きつけてやまない。

ダイオウイカ
Architeuthis dux

2012年、小笠原の水深630m付近で撮影されたダイオウイカ。深海で泳ぐ様子をとらえた映像は世界初。

©NHK/NEP/DISCOVERY CHANNEL

2006年に小笠原で捕獲・撮影されたダイオウイカ。

Megachasma pelagios ネズミザメ目メガマウスザメ科 **メガマウスザメ**

巨大な口を持つが、おとなしいサメ

メガマウスザメ

分布	太平洋、日本近海など
水深	200m 付近
主な食性	

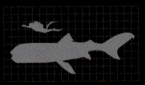

体長 5〜6m

　名前の通り巨大な口を持つサメである。オタマジャクシのように、頭部全体が大きく、尾に向かって体が細くなっていく体型をしている。
　発見例が少なく、その生態には未だに謎が多い。初めて見つかったのは 1976 年、ハワイ沖で体長 4.5 m の個体が回収された。それ以来 2014 年現在まで、世界中で 58 頭しか発見されていないが、そのうち 17 体は日本で見つかっている。深海湾が多い日本では、深海生物が浅瀬まで上がってくることが多く、研究にも大変有利なのである。

巨体を支えるのはプランクトン

　巨大な口には似合わず、主食は小さな魚を含む動物プランクトンだと考えられている。昼間は水深 200 m 付近の薄暗い海にいるが、夜間は食事のために水深 10〜20 m まで上がってくる。
　この巨体を維持するには、一日に数万〜数百万匹のプランクトンを食べる必要がある。そのために、メガマウスザメは喉に優れた機能を持つ。白い筋が何本も走っているその喉の皮膚は、ゴム膜のように伸び縮みする柔軟性を持っている。喉を風船のように膨らませて海水を大量に口に含み、余分な海水をエラから排出して、プランクトンを漉しとって食べるのだ。また、顎の内側はアルミ箔のような銀色をしている。この部分を発光させて、暗闇でプランクトンを惹き寄せるという説もある。
　プランクトン食性のサメは、ほかにジンベエザメとウバザメの 2 種が知られているが、どちらも体長 10m 以上になる。「メガマウス」という迫力のある顔や名前とは相反して、おとなしいサメなのである。

» 脊索動物門／漂泳生物

メガマウスザメ
Megachasma pelagios

メガマウスザメ

Megachasma pelagios

カリフォルニアで撮影されたメガマウスザメ。

深海の世界

　深海（200m以深の海）は海洋全体の体積の約95％を占めており、広大な暗黒空間には様々な深海生物が存在する。
　本書では、多種多様な深海生物の一部を、下の3つの要素で分けて、写真やイラストと解説で紹介している。これらの要素は、その深海生物が深海のどんな場所にいて、どんなグループの仲間であるかを大まかに知る手助けとなるはずである。
　標本の採集や観察が難しい深海生物は、断定的に語れる情報が少ない。しかし、調査や研究で明らかとなった事は着実に増えている。本書で、深海生物の姿や生態を知り、より深い興味をもつきっかけとなれば幸いである。

1 水深

ex) 200〜1000m, 3000〜6000m など

この本では、深海生物を生息水深が浅い方から順に3つの章に分けて掲載した。特殊な生態系に属する生物群集については、生息水深で分けず、巻末にまとめた。昼間と夜間、幼体と成体、生息地域などで生息水深が異なる種は、だいたいの目安で分けている。

2 生活様式

ex) プランクトン、ネクトン、ベントス など

水深の他に、深海生物を生活様式によって2つに分けた。一般に、クラゲのように水中を漂う生活（プランクトン）や、魚のように水中を遊泳する生活（ネクトン）をするものを「漂泳生物」とよぶ。一方、ヒトデやカニのように海底で生活（ベントス）をするものを「底生生物」とよぶ。章の中では両者を区別し、「漂泳生物→底生生物」の順に掲載している。

3 種の分類

ex) 軟体動物門、脊索動物門 など

[門]　………　軟体動物門
[目]　………　タコ目
[科]　………　メンダコ科
[属]　………　メンダコ属
[種]　………　メンダコ

生活様式の他に、さらに「門」のグループごとに分類している。本書では、主に1項目につき1種を掲載しているが、ページによっては「○○科の仲間」など、複数種をまとめて掲載している。分類については、主にJAMSTECの運営するデータベース「BISMaL」に基づき行ったが、異なる解釈のものもある。

水深による区分

深海生物の分布の区分には様々な解釈があるが、本書では、右のようにいくつかの層に区分した。

漂泳生活（プランクトン・ネクトン）をする生物は表層から超海海層までの5つに分けた。

底生生活（ベントス）をする生物は沿岸底域から超深海底帯までの4つに分けた。

生態系による区分

深海生物の多くは「光合成生態系」に属しているが、光合成生態系に属していない「化学合成生態系」に属する生物は、下の2つにまとめた。

鯨骨生物群集
鯨の遺骸や骨に群がる深海生物

湧水域・熱水噴出域の生物群集
熱水や湧水の周辺に群がる深海生物

水深(m)

漂泳生物の区分

表層
0〜200m

中深層
200〜1000m

ザラビクニン (p74)

漸深層
1000〜3000m

コウモリダコ (p204)

深海層
3000〜6000m

フクロウナギ (p212)

超深海層
6000m〜

カイコウオオソコエビ (p218)

底生生物の区分

沿岸底域
海底 0〜200m

漸深海底帯
海底 200〜2000m

ハリイバラガニ (p154)

深海底帯
海底 2000〜6000m

センジュナマコ (p222)

超深海底帯
海底 6000m〜

エボシナマコ (p220)

深海を探る

JAMSTECの有人潜水調査船「しんかい6500」。

中深層 + 漸深海底帯
Mesopelagic zone & Bathyal
200〜1000m　海底200〜2000m

深海や深海底への入り口となる層。水深1000m付近までは太陽光がわずかに届くが、人間の眼では感知できない。水温は水深によって変動し、深いほど低くなる。

マリアナトラフ日光海山の水深719m地点。魚類が遊泳している。

漸深層
Bathypelagic zone
1000〜3000m

1000mを超える深さに達すると、太陽光が全く届かない暗黒の世界に突入する。水深1500mあたりからは、水温が5℃以下で安定する。

マリアナ海溝西側斜面の水深2294m地点。タコ類が遊泳していた。

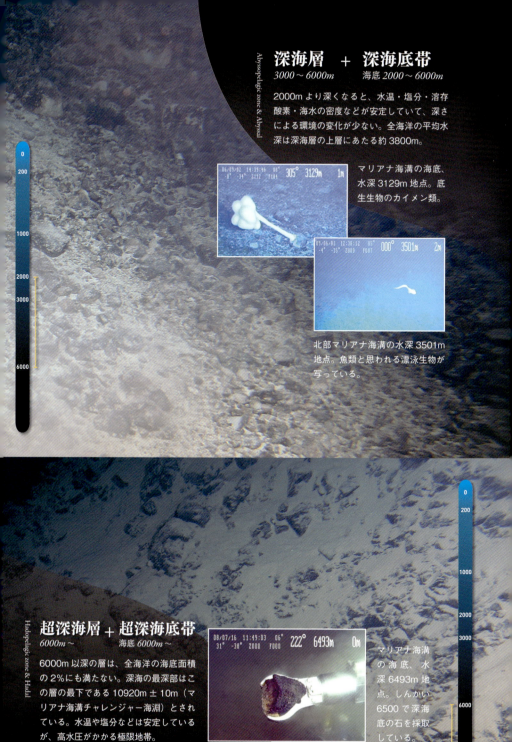

深海の環境

1　水圧

　水圧は、水深が深くなればなるほど高まる。気圧に換算すると、海面（地上）では1気圧、水深1000mでは約102気圧、水深6500mでは約680気圧となる。680気圧は、例えるなら指先ほどの面積に小さめの軽自動車が乗っているくらいの圧力だ。このような大深度では、特殊なタンパク質と脂肪を備えた生物だけが生き抜いているらしい。

2　太陽光

　海中に達する光の量は、水深100mの地点で海面の1％ほどになる。海域によるが、水深200mを超えると人の目では光を感知できなくなる。さらに深い無光層は、太陽光が全く届かない暗黒の世界だ。
　右図に示したように、海中では赤い光が最も先に吸収される。赤は深海では黒っぽく目立たなくなる色なのだ。そのためか、深海生物には赤い体色を持つものも少なくない。
　また深海生物の中には、眼を非常に大きく発達させ、水深1000m付近でもわずかな光を感知できる種がいる。一方で、暗い深海で視覚に頼ることをやめ、眼がほぼ完全に退化してしまっている種も多く存在する。

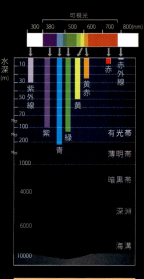

水深と太陽光の関係

3　水温

　海表面の水温は地域や季節によって大きく異なる。これに対し、深海の水温は水深1500m付近を境に以深で約2℃となり、地域などによる変化がほとんどなくなる。これは高緯度域で冷やされた海水が下へ沈み込み、世界中の深海に広がっていくためだ。

第 1 章

Mesopelagic zone

& Bathyal

中深層
200〜1000m

＋

漸深海底帯
200〜2000m

Chimaera phantasma | ギンザメ目ギンザメ科ギンザメ

深海に生きるサメの親戚

ギンザメ

[分布] 太平洋、東シナ海
[水深] 100〜500m
[主な食性]

[体長] 約85cm

　ギンザメ目はとても種類が多く、ギンザメ科、テングギンザメ科、ゾウギンザメ科の3科31種が知られている。小さい種では成熟した個体でも体長50cm程度だが、大きな種になると1mを超えるものもいる。日本ではココノホシギンザメなどのギンザメ科の8種と、アズマギンザメなどのテングギンザメ科の3種、計11種が発見されている。

胸ビレをはためかせてゆったりと泳ぐ

　ギンザメ科のギンザメは、体長70〜80㎝程度の大きさで、身体の後ろ3分の2ほどが先細りになり、糸のようなラットテイル（ネズミの尻尾）になっている。顔つきはどこか可愛らしく、ホホジロザメなど鋭いキバを持つ強面のサメとは異なるが、それもそのはず、ギンザメはサメとつくがサメの仲間とは異なり、全頭類というグループに属する魚なのである。

　泳ぎ方も独特で、大きな胸ビレをパタパタと優雅にはためかせて、海底付近をゆっくりと泳ぐ。どうやらそこで獲物を探しているらしく、ギンザメの胃を調べると、小型の甲殻類、魚類、貝類など、海底近くに暮らす生物を多く食べていることがわかる。ギンザメの口は下向きに付いているので、それらの生き物を食べるのに適しているようである。

　日本では、ギンザメが漁船の網にかかることも珍しくない。九州地方では「ギンブカ」の名前でスーパーに並び、「フカの湯引き」などの料理に使われるという。この愛らしいギンザメもまた、何らかの形で我々の口に入っているかもしれない。

》 脊索動物門／漂泳生物

ギンザメ科の一種
Chimaera monstrosa

ギンザメ
Chimaera phantasma

Callorhinchus milii ギンザメ目ゾウギンザメ科 ゾウギンザメ

象のような鼻をもつギンザメ

ゾウギンザメ

[分布] オーストラリア沖など
[水深] 250m 付近
[主な食性]

[体長] 約1.2 m

　ゾウギンザメはゾウギンザメ科の一種で、顔の先端に象の鼻のような吻がある。吻の先端には、電気や化学物質を感知する機能があり、人間に例えれば鼻や舌のような感覚器の役目を果たす。獲物が発する微弱な電流を感知して、この吻で海底の泥を掘り起こして探りあてる。そして見つけた魚類や甲殻類、貝類やヒトデ類などの獲物を、ウサギの歯のように平たく尖った前歯と強い内顎で噛み砕いて食べる。こうした機能のほかに、交尾の相手を見つけるのにもこの吻が役立っているらしい。

ギンザメ類だけが持つ特殊な交接器

　サメ・エイやギンザメの雄は、精子を雌に運ぶための交接器を腹部に備えている。多くの種ではこの交接器が2又に分かれており、交尾の際はこのうち1本を使う。ゾウギンザメやギンザメの仲間では、時にはこれが3又に分かれる種類もいる。
　ギンザメ類はこのほかに、棘のついた特殊な交接器を頭部と腹部に備えている。普段は収納されているが、交尾の際にはこれを伸ばし、雌を刺激したり、雌に体を巻き付けて固定したりするという。
　交尾をして受精したゾウギンザメは、長さ20cmにもなる楕円形の卵を2個だけ産み落とす。海洋生物の中で、このギンザメ類ほど産む卵の数が少ない生物はいない。これが災いしたのか、古生代デボン紀に出現した彼らの仲間のほとんどは、中生代までに絶滅したと考えられている。今残っているギンザメ類は、「生きている化石」シーラカンスなどと同様に、原始魚類の遺存種としても非常に貴重な存在である。

» 脊索動物門／漂泳生物

ゾウギンザメ
Callorhinchus milii

頭部についた交接器

ユニークな鼻をもつ仲間たち

Rhinochimaeridae | ギンザメ目テングギンザメ科

テングギンザメ科の仲間

[分布] 広く分布
[水深] 300〜1290m（テングギンザメ）
[主な食性]

（テングギンザメ）
[全長] 約1.2m

　テングギンザメとアズマギンザメは、どちらもテングギンザメ科に属するギンザメである。体の後ろ半分はギンザメ科の仲間によく似ているが、顔つきは異なっている。

へらや剣のような形の長い吻

　ギンザメ科の多くの種は、顔の前方の吻が短く、丸みを帯びている。これに対してテングギンザメ科は、吻が前に長く突出し、先端がへら状または剣状になっている。「テング」という名の通り、その吻はまさに天狗の鼻のようである。
　テングギンザメはこの吻が直線的に尖っているが、アズマギンザメは眼の辺りから吻に向かって、カーブを描いている。テングギンザメ科の仲間たちについては、吻がこれほどまでに長く発達した理由を含め、詳しい生態はまだ明らかになっていない。

アズマギンザメ
Harriotta raleighana

» 脊索動物門／漂泳生物

テングギンザメ
Rhinochimaera pacifica

ミツクリザメ

Mitsukurina owstoni

» 脊索動物門／漂泳生物

Mitsukurina owstoni | ネズミザメ目ミツクリザメ科 ミツクリザメ

口の中から口が飛び出す

ミツクリザメ

[分布] 太平洋、インド洋など
[水深] 400〜1300m
[主な食性]

[全長] 約1〜3m

　顔の前方に長く突き出した、板状の大きな吻が特徴的である。この長い吻の下にある口は、写真のように前方に大きく突出させることができる。普段は収納されている口が、獲物を捕らえるときにぐっと突き出る様子は、まるで口の中からもう一つの口が飛び出してきたかのようである。口の中には、細長く内側に曲がった歯が並んでいる。これによく似た歯の化石が発掘されていることから、ミツクリザメもラブカなどと同様「生きている化石」と呼ばれる。

長い吻は獲物を探すセンサー

　ミツクリザメは、いくつかのサメと同様に、吻にロレンチーニ瓶という微弱電流を感じとる器官を備えている。これを用いて海底の砂泥中に隠れている生物が発する微弱電流を感知し、居場所を特定して捕食するのである。獲物の存在を感知すると、吻で砂泥を掘り起こし、口を突出させて砂泥ごと獲物を吸い込む。そして、砂泥だけを歯の隙間や鰓孔から外へ排出し、獲物を飲みこんでいると推測されている。

　かつてインド洋の水深1300mの場所に設置されていた海底電線で事故が起こり、電線を取り上げてみたところ、その電線の中からミツクリザメの歯が出てきたということがある。電線から微電流を感知して、かじり付いてしまったのかもしれない。

Chlamydoselachus anguineus | カグラザメ目ラブカ科 **ラブカ**

フリルのついた細長〜いサメ

ラブカ

- 分布 広く分布
- 水深 数百〜1500m
- 主な食性 🦑 🐟

体長 最大2m

　サメの仲間だが、サメらしからぬ細長い体型から「ウナギザメ」の異名もあるという。駿河湾で行われるサクラエビ漁の網に入っていることがあり、古くからその存在は知られていた。英名では frilled shark（フリルを持つサメ）と呼ばれるが、これは大きいフリルのようなエラの蓋（鰓弁(さいべん)）のことを指す。一目見たら忘れられない特徴である。

デボン紀の古代ザメによく似たその姿

　ラブカは多くの点で一般的なサメとは異なっている。

　一般的なサメの顎は頭蓋骨と少し離れて緩く繋がっており、獲物を捕らえるときは顎を前方に突き出すのに対して、ラブカの顎は頭蓋骨としっかり結合しており、ほとんど固定されて動かない。

　また、多くのサメは5対のエラを持つが、ラブカは6対である。その他、フォークのような三つ叉の歯が剣山のように並んでいるのも独特である。

　このような特徴は、デボン紀に登場して、すでに絶滅している「クラドセラケ」という古代ザメに似ている。このことからラブカは、いくつかの深海生物と同じく「生きている化石」とも呼ばれる。なぜこのような特徴を持っているのか、その理由はまだ解明されていない。

　顎がほとんど固定されているのにどうやって獲物を捕らえているのかも不明だが、胃内容物調査からは主に頭足類や魚類を食べていることがわかっている。

» 脊索動物門／漂泳生物

ラブカ
Chlamydoselachus anguineus

ラブカ

Chlamydoselachus anguineus

剣山のように並んでいる三叉の歯がよく見える。

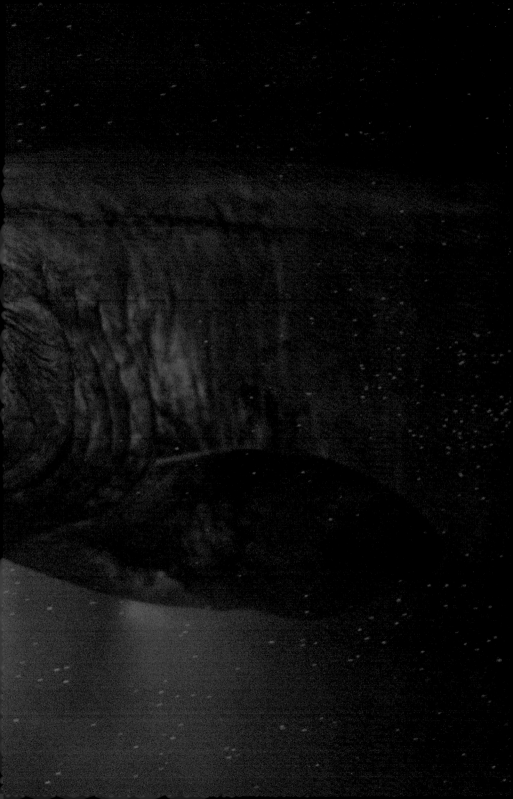

Hexanchus griseus | カグラザメ目カグラザメ科 カグラザメ

どんどん泳いでなんでも食べる

カグラザメ

分布　広く分布
水深　0〜2500m
主な食性

全長　約3〜5m

　最大で全長5mにもなるカグラザメは、深海に住むサメ類としては最大級の大きさである。

　その巨体を維持するだけの食料を得るために、カグラザメは優れた遊泳力を備えている。日中は外敵の少ない深海で生活し、夜になるとその遊泳力を生かして表層まで垂直移動する。深海ではカレイやヒラメ、カニなど底生生物を食べ、夜間には表層で泳ぐ魚類やイカ、タコ類を食べているらしい。時にはオットセイなどの海獣類も犠牲になることがあり、季節的に沿岸に現れることが知られていて、カリフォルニアや南アフリカでは、人的被害の記録もあるようである。

　獲物を効率よく捕食できるように、両顎にはさまざまな形の歯が並んでいるので、どんな獲物にも食らいつき、噛み切ってしまう。

サメの中ではちょっと変わり者

　このサメもラブカなどと同様、いくつかの点が一般的なサメ類とは異なっている。カグラザメのエラは6対で、他のサメ類より1対多い。また、多くのサメでは複数備わっている背ビレが1基しかなく、体の後ろの尾鰭近くについている点も独特である。

　鰓の数が多い理由としては、その遊泳力を支えるため、大量の海水を取り込んで効率よく呼吸できるよう進化したということが考えられるが、はっきりとしたことはまだ解明されていない。

カグラザメ
Hexanchus griseus

Isistius brasiliensis ツノザメ目ヨロイザメ科 ダルマザメ

獲物の肉をはぎ取る歯

ダルマザメ

[分布] 世界中の温・熱帯域
[水深] 85〜3500m
[主な食性]

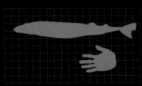

[全長] 約55cm

　短く丸い吻と、大きな眼が特徴的なダルマザメ。口は小さいが、上顎には棘状の歯が並ぶ。下顎の歯は連結して、鋭いノコギリの歯のようになっている。

　ダルマザメは、この顎を活かして独特の食事法を取る。獲物に突進すると、まず上顎の歯で噛み付き、吸い付くようにして下の歯を深く食い込ませる。そして、獲物の肉を丸くはぎ取ってしまう。市場に水揚げされたマグロやカジキなどの体に、丸い傷が多数付いていることがあるが、これらはダルマザメの犯行である。付けられた傷跡がクッキーの型のように見えるからか、英名では、Cookiecutter shark と呼ばれている。

　大型魚類のほかには、クジラなどの海獣類も襲っている。なんと潜水艦のソナーのゴム製カバーにも、ダルマザメの噛み跡が見つかったことがあるという。ダルマザメは、昼間は深海に生息しているが、夜間には海面近くまで上昇する。広く移動したり、自分より大きな生物の肉をかじり取ったりして、たくましく生き抜いている。

ダルマザメ
Isistius brasiliensis

脊索動物門／漂泳生物

ヨロイザメ
Dalatias licha

ヨロイザメ科の仲間たち

　同じヨロイザメ科に属するヨロイザメやオオメコビトザメも、丸い吻と大きな眼、鋭い歯など、ダルマザメと共通の特徴を備えている。

　ヨロイザメは全長50cm程度のサメである。独特なのが、黒い鎧のような鋭いサメ肌で全身が覆われていることで、体を触るときには、注意しないと指を切ってしまうこともある。一方、オオメコビトザメは最大でも全長30cmにしかならない。「コビト」の名の通り、サメ類の中では世界最小級なのである。

オオメコビトザメ
Squaliolus laticaudus

» *Somniosus microcephalus* ツノザメ目オンデンザメ科 ニシオンデンザメ

世界一のんびり屋の魚

ニシオンデンザメ

[分布] 大西洋北部、北極海
[水深] 200～600m
[主な食性]

[全長] 最大7.3m

　成長すると全長7m以上、体重は750kg以上にもなる、巨大な深海ザメの一種である。水温0.6～12℃の海域を好んで生息し、北極海では湾内や河口域の表層で生活しているが、水温の上昇を感じるとより深い場所へ移動する。
　この巨体を支えるため、ニシンやサケ類など表層性の魚から、カジカ類やタラ類など底生性の魚、さらにアザラシや海鳥まで幅広い獲物を捕食している。海底に沈んだ鯨の死骸なども食べているらしい。

泳ぎは遅く、平均時速は約1km

　大きな体のわりに、捕獲されてもほとんど暴れることがない大人しいサメである。さらに驚くべきはその遊泳速度で、6尾のニシオンデンザメに測定器を取り付けて移動速度を測ったところ、平均時速は1.2km、最大でも時速2.6km程度であった。これは人間の赤ちゃんのハイハイくらいの速度である。この記録は、これまでに調査されている他の魚類の遊泳速度と比べても一番遅い。動物の筋肉の動きは温度の低下とともに急激に鈍くなるので、北極海の冷たい水によって、推進力を得るための尾ビレの動きが遅くなったと推測されている。
　そんなニシオンデンザメだが、海中では動きの素早いアザラシを襲って食べることが知られている。この速度ではアザラシを捕まえられそうにもないので、アザラシが眠っているところを襲っているのではないかと考えられている。動きは鈍くとも、意外と賢いハンターなのだ。

ニシオンデンザメ
Somniosus microcephalus

Latimeria chalumnae シーラカンス目シーラカンス科 シーラカンス

蘇った化石魚

シーラカンス

- 分布　アフリカ沖コモロ諸島周辺など
- 水深　50～数百m
- 主な食性

体長　約1～2m

　シーラカンスは6500万年も前、白亜紀の終わりに絶滅したと考えられていたが、1938年に南アフリカで生きた個体が捕獲された。また、1997年には南アフリカから遠く離れたインドネシアでも生きた個体が発見されている。遺伝子研究の結果、インドネシアで発見されたシーラカンスは南アフリカのものとは別種であることが分かった。

　シーラカンスは、大きなものでは体長2m、体重90kgにまで達し、寿命は60年程度と言われている。この大きな身体を維持するにはさぞかし多くの食べ物が必要だろう。シーラカンスは多くの時間を水深数百m程度の場所で過ごしているが、水深50m程度の、生物が豊富にいる浅い海に獲物を食べに上がってくることもある。胃の中からは、浅い海に棲む魚、イカ、タコなどの多様な生物が見つかっている。

手足の原型？ 肉質の厚いヒレ

　海中ではしばしば頭を下に向け、逆さになった姿勢で泳いでいるのが観察されている。こうして、下方にいる獲物を探して捕らえているらしい。体勢を変えるときは、手足のような肉質のヒレを器用に動かす。

　この肉質のヒレは、私たち人間を含む陸上動物の手足の原型だと言われている。魚類から陸上動物へ、ちょうど進化の途中に位置している生物なのだろうか、シーラカンスのゲノムには、爬虫類や哺乳類などの陸上動物が持つタイプの遺伝子が多く含まれている。

シーラカンス
Latimeria chalumnae
2005年に南アフリカのダーバンで撮影された個体。

Nemichthys scolopaceus　ウナギ目シギウナギ科 シギウナギ

長すぎる体と嘴を持つウナギ

シギウナギ

[分布] 世界中の温・熱帯域
[水深] 300〜1000m
[主な食性]

[体長] 約1.4m

　シギウナギはウナギの仲間で、紐のように体が細長い。左右から押されたように平たい体で、背ビレや臀ビレは胴体と同じ程度の幅に発達し、リボンのように頭から尾まで続いている。最大で体長1.4mの個体が見つかっている。

　頭のサイズに対して眼は大きく、太陽光が届く水深までは、この眼が役に立つ。深く暗い場所では、側線によって他の生物の動きを感じ取っている。シギウナギの長い身体には、3列もの側線が尾びれの先端まで走っていて、この側線で敵が近付いてくるのを敏感に察知する。

嘴を振って獲物を絡めとる

　最大の特徴は、何といってもその鳥の嘴のような長い口だろう。上下の嘴が外側にカールしているため、口を閉じても噛み合わない。

　胃内容物の調査から、シギウナギは主に長い脚や触角を持つ甲殻類を食べていることが判明している。細長い嘴をパクパクと動かしながら海中を漂い、エビ類の脚や触角の一部が嘴に絡まると、嘴に生えた無数の細かい歯で、すかさず捕らえて食べてしまうらしい。

　シギウナギは大抵の場合、口を下に向けて立ち泳ぎをしているが、これは、体を縦にすることで下から見られたときの影を最小限にして、敵の目から逃れているのだと考えられている。

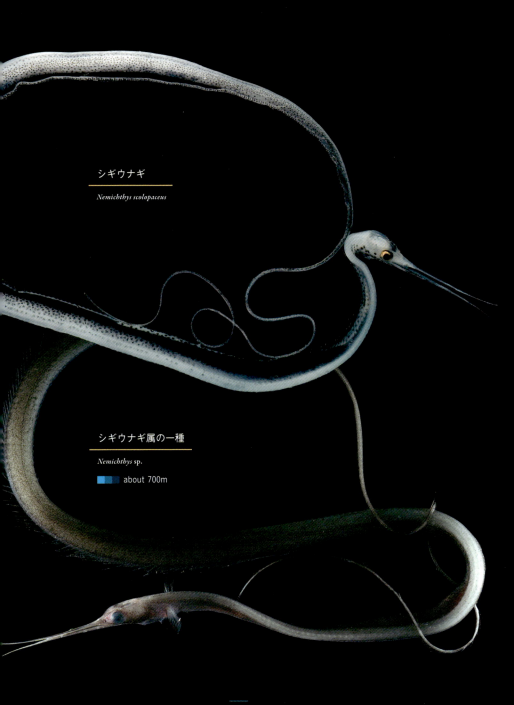

シギウナギ

Nemichthys scolopaceus

シギウナギ属の一種

Nemichthys sp.

about 700m

Chauliodus sloani | ワニトカゲギス目ワニトカゲギス科 ホウライエソ

捕らえた獲物は逃さない「マムシ魚」

ホウライエソ

- 分布　世界中の熱帯・温帯域
- 水深　500〜2800m
- 主な食性
- 体長　最大35cm

　強面の深海魚である。ギロッと睨みつける眼、大きく開く巨大な口、そして上下の鋭い牙状の歯。英名は Viper fish（マムシ魚）である。上の歯は4対8本、下の歯は5対10本で、下顎についた前歯が他に比べて遥かに長い。歯はそれぞれ内側に向けて湾曲していて、捕らえた獲物は決して離さない。

　獲物が大きい時は、口全体を上に向け、下顎をぐっと前に出す。さらに、頭蓋骨に一番近い背骨の脊椎骨が非常に柔軟なので、頭を大きく後ろに反らすことができる。こうして上下に大きく開いた口で獲物を捕らえると、頭を急いで元の位置に戻し、口の中に押し込む。獲物をスムーズに飲み込めるよう、大きく口を開いたときに心臓や腹部の大動脈、鰓を後ろに押し下げることもできるという。主な獲物はハダカイワシなどで、自分の体に対してかなり大きいものでも飲み込んでしまう。

全身に発光器を備える

　ホウライエソは発光器官も持っている。背ビレのヒレ条の一本が長く伸びていて、その先端に発光器がある。これを口の前で自在に振り、獲物を誘う。眼の下にも小さな丸い発光器があるが、これは仲間や異性とのコミュニケーションに使われていると考えられている。

　さらに、体の腹側の側面にも、臀ビレより前に2列、臀ビレから尾柄部にかけて1列、それぞれ発光器が並んでいるが、これは自分の下方にできる影を消すためだろう。

脊索動物門／漂泳生物

ホウライエソ
Chauliodus sloani

臀ビレ

下顎を突き出すホウライエソ。

Macropinna microstoma | ニギス目デメニギス科**デメニギス**

透明なドームに包まれた望遠眼

デメニギス

|分布| 太平洋など
|水深| 400〜800m
|主な食性|

|体長| 15cm

　デメニギスの驚くべき特徴は、球状の巨大な望遠眼と、それを覆う透明なドーム状の膜である。上を向いた望遠眼は上方を泳ぐ獲物の影を見つけるには役立つであろうが、口は前を向いているので、獲物を食べるときには不便に思われる。一体どうやって狩りをしているのだろうか。

　実は、この眼は前方に倒すことができる。普段は眼を上に向けているが、狩りのときは眼を前向きに倒して獲物を捕らえる。眼の側面には薄い骨があるが、前方には骨がないため、方向を変えられるのである。

　この眼を保護するために透明なドームがあると考えられている。デメニギスはクラゲなどを捕食するほか、クダクラゲ（p126）の触手に付着したカイアシなどの小さい獲物を横取りして食べている。大事な眼を触手から守るために、このドームが必要なのだろう。

腹部を発光させる、クロデメニギス

　同じデメニギス科の仲間には、クロデメニギスという魚がいる。こちらは透明なドームは持たないが、眼は同じく望遠眼になっている。また、クロデメニギスは直腸に発光細菌を住まわせており、腹部を発光させることができる。これによって仲間とコミュニケーションを取ると考えられている。

　2014年には「4つの眼をもつ魚」と呼ばれるデメニギス科の仲間と思われる種が発見されるなど、まだまだ謎のつきない科である。

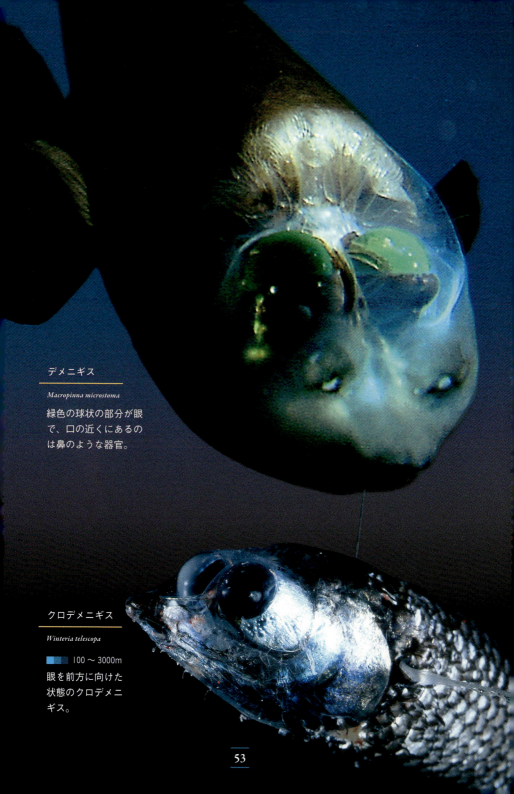

デメニギス

Macropinna microstoma

緑色の球状の部分が眼で、口の近くにあるのは鼻のような器官。

クロデメニギス

Winteria telescopa

100〜3000m

眼を前方に向けた状態のクロデメニギス。

Argyropelecus hemigymnus | ワニトカゲギス目ムネエソ科 テンガンムネエソ

調光自在の深海のホタル魚

テンガンムネエソ

- 分布：太平洋、大西洋、インド洋
- 水深：200〜1000m
- 主な食性：小型生物を捕食

体長：約7cm

　テンガンムネエソが生息する水深は、かすかに太陽光が届く。そのため、この魚は自分の姿を目立たなくするための特徴を備えている。

　その一つは、幅わずか数mmの薄い体である。体を極端に薄くすることで、陰ができる面積を減らし、敵に姿を悟られにくくしている。この結果、眼は飛び出し、内臓がある腹部は下方に突き出して、不思議なバランスの体となってしまった。体形と輝きが手斧に似ているためか、英名はHatchetfish（手斧魚）という。

光を操り、徹底的に姿を隠す

　いかに細い影であろうとも、視覚に優れた敵には見つけられてしまう。そこで活躍するのがもう一つの特徴、腹部に2列に並んだ24個の発光器である。

　この魚は陸上の蛍の発光と同じ機構を持ち、自らの発光酵素システムで光る。体内の発光物質ルシフェリンをルシフェラーゼという酵素と作用させて光を出すのだが、自ら発光物質の分泌を調整し、発光量を自由にコントロールできるという。上からの太陽光の強さに合わせて発光することで、あたかも影がないように見せかけることができる。

　さらに、ムネエソ科の魚は口の中にも多数の小さな発光器を持ち、30分以上も発光させることができるという。これは口の中に獲物をおびき寄せるためであろう。

テンガンムネエソ。腹部には発光器が並ぶ。

テンガンムネエソ
Argyropelecus hemigymnus

ムネエソ科の一種
Argyropelecus gigas

やや大きめのムネエソ科の一種。腹部にはたくさんの発光器が並ぶ。

発光器

Gonostomatidae | ワニトカゲギス目ヨコエソ科

深海を領する大家族

ヨコエソ科の仲間

分布　広く分布
水深　250〜1200m（オオヨコエソ）
主な食性

（オオヨコエソ）

体長　約20cm

　ヨコエソ科の仲間は、英名ではBristlemouths（剛毛のある口を持つもの）と呼ばれる。実際には、体毛が生えているわけではなく、多数の尖った小さい歯が口からはみ出していて、これが剛毛のように見えるので、この名が付いたようである。この歯は小型の甲殻類などを捕らえるのに適している。体型は細長く、頭部と口が大きいのが特徴である。

雄から雌に性転換

　ヨコエソ科のヨコエソやオオヨコエソ、オニハダカなどの種は、性転換をすることで知られている。体が小さいうちは雄として生殖に参加し、成長して体が大きくなると雌に性転換する。栄養を蓄えた卵を作るには、精子を作るよりも多くのエネルギーが必要なので、体の大きな個体が雌になり、繁殖効率を高めているのである。

　ヨコエソ類は生後1年間、オニハダカは3〜4年間を雄として過ごしてから雌になる。性転換途中の時期には、精巣と卵巣を両方持つ個体もいる。このような繁殖方法が功を奏しているのか、ヨコエソ科の仲間は個体数が多く、ハダカイワシ科と並んで中深層における主要な生物群となっている。中でも、オニハダカの仲間は、世界中の脊椎動物の中で最も個体数の多い一群であると考えられている。

》　脊索動物門／漂泳生物

» Stomiidae | ワニトカゲギス目ワニトカゲギス科

ワニのように噛み付く深海のハンター

ワニトカゲギス科の仲間

- 分布 広く分布
- 水深 250〜600m（ムラサキホシエソ）
- 主な食性

（ムラサキホシエソ）
体長 約30cm

ムラサキホシエソ
Echiostoma barbatum

クレナイホシエソ
Pachystomias microdon

ダイニチホシエソ属の一種
Eustomias sp.1

» 脊索動物門／漂泳生物

ダイニチホシエソ属の一種
Eustomias sp.2

ダイニチホシエソ属の一種
Eustomias monodactylus

シロヒゲホシエソ
Melanostomias melanops

　ワニトカゲギス科の魚は生物発光をするものが多く、発光のバリエーションが幅広い。眼の近くには発光器官があり、種によって実に様々な色や形がある。さらに、腹側・下顎から伸びた髭の先端にも発光器官を備えた種が観察されており、それぞれの部分の発光を別々にコントロールできるという。この多彩な発光は、発光粘液によるものではないかと考えられている。
　ワニトカゲギス科の仲間は発光器官を利用して、大きな口と鋭いキバで獲物をしとめる「深海のハンター」である。

Chiasmodon niger | スズキ目クロボウズギス科**オニボウズギス**

伸縮自在の胃袋をもつ、深海の大食漢

オニボウズギス

[分布] 広く分布
[水深] 数百〜1000m
[主な食性] 小型生物を捕食

[体長] 約10〜30cm

　生物が少ない深海では、どんな獲物でも出会ったら確実に仕留めなければならない。深海魚には、大きな獲物を食べるために口が大きく開く種が多いが、オニボウズギスも同様である。上下の顎の長い犬歯状の歯は内側に向いており、獲物を逃がさないように食いこむのだ。

　また、オニボウズギスはとても丈夫で伸縮性のある胃を持つ。そのような深海魚は他にも知られているが、この魚の胃はとりわけ耐久性に優れている。

　大きな獲物を飲み込んで膨れ上がった状態のオニボウズギスを観察すると、薄くなった腹部の皮膚を通して、折り畳まれて胃に収納された生物が透けて見える。胃袋が破裂しそうなほどだが、弾力性のある筋肉がこれをバッチリと支えているらしい。捕らえた獲物が充分大きければ、その後、何ヶ月か絶食しても生き延びられるという。

徹底した大物へのこだわり

　オニボウズギスに付けられた英名は、「深海の大食漢」という意味の

オニボウズギス
Chiasmodon niger

お腹に獲物がいる状態の
オニボウズギス。

Idiacanthus antrostomus | ワニトカゲギス目ワニトカゲギス科 ミツマタヤリウオ

小さく弱い雄と、髭を生やした強い雌

ミツマタヤリウオ

[分布] 北太平洋の温帯域
[水深] 400～1500m
[主な食性]

[体長] 約50cm（雌）

　和名は稚魚の姿に由来する。稚魚の身体は親と同じく細長いが、本来眼がある位置から眼柄という棒状の器官が突き出し、その先端に眼球が付いている。この様子が三つ叉の槍を思わせるらしい。この眼の構造は視野を広げ、浮力を増やす効果があると考えられているが、成長とともに眼柄は収縮し、やがて眼は頭部に固定される。

光る髭を生やした雌と、髭も歯もない小さな雄

　成長したミツマタヤリウオは、大きいものでは体長50cmほどになる。細長い身体は全身真っ黒な皮膚で覆われ、鱗はない。英名ではPacific black dragon（黒い竜）と呼ばれている通り、大きく開く口には鋭い牙が無数に並んでおり、竜のように迫力がある。

　下顎から垂れ下がっている細長い髭は、先端に発光器が付いており、これを疑似餌にして獲物をおびき寄せる。ワニトカゲギス科の魚の多くはこのような髭をもっている。

　ミツマタヤリウオは、髭を備えた個体が雌で、雄は成長しても体長わずか5cm程度である。雄は髭や歯を持たず、消化器官も退化する。眼の後ろの大きな発光器で雌を誘い、一度交尾をすると死んでしまうと考えられている。雄は少ないエネルギーで成熟し、雌に精子を渡すことに徹するのである。

» 脊索動物門／漂泳生物

ミツマタヤリウオ

Idiacanthus antrostomus

口を大きく開いた
ミツマタヤリウオ
の雌。

» *Myctophidae* ｜ ハダカイワシ目ハダカイワシ科

無数の発光器官をもつイワシ

ハダカイワシ科の仲間

[分布] 太平洋、大西洋、インド洋
[水深] 200～1000m（ダイコクハダカ）
[主な食性]

（ダイコクハダカ）
[体長] 約6cm

　ハダカイワシ目の魚は、もう一種の主要な深海魚類であるワニトカゲギス目と並び、水深200～1000m付近の中深層に多くの仲間が生息している。ハダカイワシ科の仲間は全世界で250種類近く知られており、日本近海でも80種以上が発見されている。

　ハダカイワシ科の仲間は、頭から尾まで、体の表面に発光器官を多数持っている。このことからLantern fish（ちょうちん魚）という英名がついている。この発光器官に関しては、残念ながらまだ不明な部分が多いのだが、5種類のハダカイワシ科の仲間を電気刺激して強制的に発光させた研究がある。これによると、どの種も青色に光る能力を持つのだが、光の色は種によって微妙に異なっており、発光の時間やタイミングも違うという。おそらく発光の仕方によって種を見分け、同種で群れを作って行動するのだろう。

鱗がはがれてハダカになる

　ハダカイワシ科の仲間は水圧や温度差に耐性があり、夜は動物プランクトンの豊富な浅い海に繰り出し、日中は深海へ隠れる「日周鉛直移動」をする。その移動距離は数100mから1500mにもなり、豊富な栄養分を体に付けて、浅い海から深海へと輸送する役割も果たしている。

　浅い海に繰り出したハダカイワシは、しばしば漁網にかかり、捕獲されてしまう。網やほかの魚に触れると、体の鱗がすっかり落ちて「ハダカ」の状態になってしまう。ハダカイワシという和名の由来は、鱗が非常に剥がれやすいことに由来しているのである。

» 脊索動物門／漂泳生物

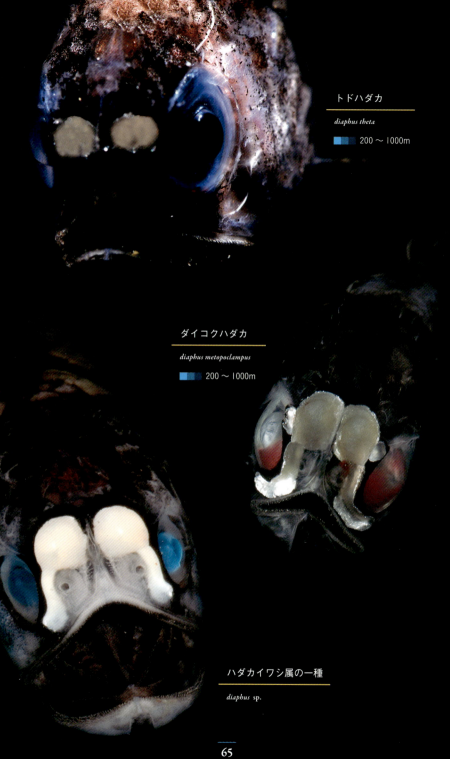

トドハダカ

diaphus theta

200〜1000m

ダイコクハダカ

diaphus metopoclampus

200〜1000m

ハダカイワシ属の一種

diaphus sp.

リュウグウノツカイ

Regalecus russelii

日本近海で見つかるリュウグウノツカイは5mほどの大きさの個体が多い。

　リュウグウノツカイの体は縦に平たく銀白色で、背ビレが頭の先から尾まで続いている。泳ぐときは、この背ビレ全体を波打たせて、立ち泳ぎをしたり斜めになって泳いだりする。大きな個体では8mほどの長い体と、頭部から長く伸びた背ビレの一部が相まって、なんとも派手な出で立ちをしている。

長い腹ビレは獲物を見つける感覚器

　体の下側に長く伸びる細い腹ビレは先端がオールのような形になっていて、小さなエビやイカ、小魚などの獲物を見つける感覚器としての役割を担っている。優雅な飾りのように見えるヒレだが、リュウグウノツカイにとっては、獲物を見つけるための大切な器官なのである。

Regalecus russelii | アカマンボウ目リュウグウノツカイ科 リュウグウノツカイ

背ビレを波打たせて優雅に泳ぐ

リュウグウノツカイ

|分布| 広く分布
|水深| 200〜1000m
|主な食性|

|体長| 5〜8m

Chaenophryne draco アンコウ目ラクダアンコウ科 **ラクダアンコウ**

光る疑似餌で獲物を誘う

ラクダアンコウ

[分布] 広く分布
[水深] 350〜1500m
[主な食性]

[体長] 約10cm

「アンコウ」と聞くとアンコウ鍋などの料理が思い浮かぶが、鍋にされるのは浅い海域に暮らすキアンコウなどで、本種とは異なる。

どちらのアンコウにも共通するのが、頭の先にチョコンと付いた突起（イリシウム）である。これは背びれを支える鰭条が変形したもので、狩りの際に獲物を引き寄せる疑似餌の役割を果たす。

細菌と共生して光るイリシウムを操る

チョウチンアンコウ類は、イリシウムの先端が発光することで知られるが、ラクダアンコウも同じように光るイリシウムをもつ。これはイリシウムに住む発光細菌によるものである。細菌の住む発光器の外壁は光を反射する層で覆われており、普段は光を閉じこめているが、外壁の一部に開閉自由の窓があり、光の強さを調節できる。

発光細菌はアンコウの発光腺から分泌される栄養や酸素を頼りに生きている。また、人間の手でこの細菌を培養しても光らないため、発光のメカニズムにはアンコウの分泌する物質が重要な意味を持つと考えられている。アンコウと細菌は絶妙な共生関係を築いているのである。

水深1100m付近で撮影されたラクダアンコウの仲間の映像が、JAMSTECのデータベースで公開されている。ほとんど動かずにじっと漂っているが、しばらくすると、イリシウムが突然光り始める。10秒ほど青い強烈な光を発した後、再びすうっと光が弱くなった。この光の変化は獲物をおびき寄せるためなのか、はたまた異性を誘うラブコールなのか……。想像は尽きない、はかない姿である。

ラクダアンコウ
Chaenophryne draco

Chaunax abei | アンコウ目フサアンコウ科 **ミドリフサアンコウ**

派手だけど、深海では目立たない

ミドリフサアンコウ

分布　南日本、東シナ海
水深　90〜500m
主な食性

体長　約30cm

　ミドリフサアンコウは、鍋にされる平たいアンコウと比較的近縁である。顔の顎下から尾まで、白い糸くずのような絨毛状の棘にびっしり覆われている。鮮やかな赤色の体に黄緑色の斑点が目を引く。

　赤色は光量がたっぷりある場所では派手な色だが、真っ暗な深海ではあまり目立たない色となる。また、斑点にもカモフラージュ効果があると考えられる。水深500m以浅のわずかに太陽光が届く場所で、敵に姿を悟られにくくしているのであろう。

海底で膨らんだり、しぼんだり

　このアンコウは頭が大きく尾が細いため、泳ぐのは不得意で、海底で獲物を待ち構えている。このときに役立つと考えられているのが、口の上に突き出た小さなイリシウムである。発光機能はないが、これを振って獲物を誘うのであろう。獲物が近付いたら、自分と同じくらいの大きさのものでも飲み込んでしまう。よりよい待ち伏せ場所を探しているのか、腹ビレと胸ビレを使ってゆっくりと移動する姿も観察されている。

　ミドリフサアンコウが撮影された映像では、身体を風船のように膨らませていることが多いが、これは撮影に使うライトの刺激を敵だと勘違いしている様子だと考えられる。敵に対して自分をなるべく大きく見せるため、口から海水を吸い込んで膨らむのである。体をしぼませる際は、身体の背側後方の左右にある出水孔から海水を出す。膨らんだりしぼんだりの繰り返しも、敵への威嚇になるのではないかと考えられている。

ミドリフサアンコウ

Chaunax abei

Bothrocara hollandi | スズキ目ゲンゲ科ノロゲンゲ

日本海を代表する深海魚

ノロゲンゲ

分布	日本海、オホーツク海、黄海東部
水深	200〜1800m
主な食性	海底の小型生物を捕食
全長	約30cm

　日本海に数多く生息することが知られる、代表的な深海魚である。体は柔らかく、全身がゼラチン質の粘液で覆われている。ウナギのような細長い体つきで腹ビレを持たず、尾ビレは背ビレ、臀ビレとつながっている。

　北極海や南極海を中心とした冷水域に分布しており、日本でも東北から北海道で多く見られる。大陸棚や大陸棚斜面の深海に生息するものが多いが、中には沿岸の浅い海に生息するものもいる。

未発達な体でエネルギーを節約

　ノロゲンゲを含むゲンゲ類の中には、筋肉や骨、エラの発達が悪い、鱗を持たないなど、幼体の形質を残したまま成熟する種が知られている。

» 脊索動物門／漂泳生物

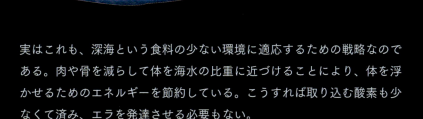

ノロゲンゲ
Bothrocara hollandi

　実はこれも、深海という食料の少ない環境に適応するための戦略なのである。肉や骨を減らして体を海水の比重に近づけることにより、体を浮かせるためのエネルギーを節約している。こうすれば取り込む酸素も少なくて済み、エラを発達させる必要もない。
　そんなノロゲンゲは、底曳網でしばしばズワイガニなどと一緒に漁獲されるので、食材として食卓に上ることも多い。身は白身で淡泊。コラーゲンが豊富なゼラチン質の粘液ごと調理する。吸い物や鍋、てんぷらなどで賞味されるほか、丸干しの干物も作られていて、一夜干しにすると程よく水分が抜け、白身の美味しい干物になるという。ぜひ一度、味わってみたい深海魚である。

Careproctus trachysoma | カサゴ目クサウオ科 **ザラビクニン**

コンニャクみたいに柔らかい

ザラビクニン

分布　日本海、オホーツク海
水深　200〜800m
主な食性　海底の小型生物を捕食　　　　　全長　約30cm

　淡いピンク色の体が印象的な深海魚である。「ビクニン」という和名は丸い頭が比丘尼（尼さん）に似ていることから付いたという。

　ザラビクニンをはじめとするクサウオ科の仲間は、体がコンニャクのようにブヨブヨと柔らかい。水中から陸に上げると体形が崩れ、まるでクラゲのような姿になってしまうためか、クサウオ科の中でもコンニャクウオ属と名付けられたグループに属している。ザラビクニンもゼラチン質の体をしているが、触るとザラっとした手触りがある。

味も感じる、触手のような胸ビレ

　ザラビクニンは主に海底の小さな生物を捕食する。驚くべきことに、胸ビレの先端部や唇の下には、味を感じる味蕾という器官があり、それを頼りに獲物を探すことが知られている。

　さらに、胸ビレは先端が枝分かれして触手のように発達している。これを腕のように器用に使い、逆立ちしたような姿勢で海底の様子を探るのである。

　もうひとつ特徴的なのが、眼の周りが膜で覆われていることで、これによって瞳孔の大きさを自在に変え、入ってくる光の量を調整することができる。わずかに太陽光が届く水深200〜800mの海域に生息する魚なので、光の強さに合わせて視界を調整しているらしい。

》　脊索動物門／漂泳生物

ザラビクニン
Careproctus trachysoma

コンニャクウオ属の一種
Careproctus sp.

Chaenocephalus aceratus | スズキ目コオリウオ科 スイショウウオ

透明な血が流れる唯一の魚

スイショウウオ

[分布] 南極海
[水深] 0〜800m
[主な食性]

[全長] 約70cm

　スイショウウオを含むコオリウオ科の魚は、南極海を中心に生息するグループである。体には鱗がなく、平たい頭部を持つ。
　これらの魚は、水のように透明な血液が流れている。一般的に、動物の血液中には赤血球という細胞があり、赤血球には酸素を運ぶヘモグロビンというタンパク質が含まれている。ヘモグロビンは赤い色素を持つので、血液は赤く見える。しかし、コオリウオ科の魚は赤血球をほとんど持たず、わずかな赤血球にもヘモグロビンがないので、血液が透明なのである。
　ヘモグロビンを持たない脊椎動物は、世界中でコオリウオ科の魚だけで、普通の魚類はエラが鮮やかな赤色だが、コオリウオのエラはクリーム色をしている。

» 脊索動物門／漂泳生物

スイショウウオ
Chaenocephalus aceratus

氷点下でも凍らない血液

　コオリウオがどうやって体全体に酸素を運んでいるかというと、血液中の血漿（けっしょう）という成分に酸素を溶かして運んでいる。血漿はヘモグロビンよりも酸素運搬の効率が悪いので、血液を大量に循環させることで不足を補っている。そのため、コオリウオ科の魚は心臓が他の魚より大きく、循環しやすいように血液の粘度が低い。
　さらに、血中には特殊なタンパク質が含まれていて、氷点下の環境でも血液が凍らない仕組みになっている。南極海に適応した魚たちが、なぜヘモグロビンを失ったのか、その理由はまだ謎に包まれている。

Pyrosomatidae ｜ ヒカリボヤ目ヒカリボヤ科

小さな個虫が作る大きな共同体

ヒカリボヤ科の仲間

- 分布　広く分布
- 水深　0〜1000m（ヒカリボヤ）
- 主な食性

（ヒカリボヤ）

全長　最大60cm（群体）

　名前に「ホヤ」と付くが、分類学上はホヤと少し違うグループに属する。ヒカリボヤは群体を作ることで知られており、体長わずか数mmの個虫からなる群体は、全長が20〜60cmにもなる。同じヒカリボヤ科のナガヒカリボヤなどは、なんと全長10mに達した群体の記録もある。

　群体の中は空洞で、片方の端は開き、もう片方の端が閉じた筒状になっている。筒の中の水流を個虫が操って、浮き沈みができるという。一つ一つの個虫の表面には海水を出し入れする孔が開いており、筒の外側に入水孔が、内側に出水孔がある。個虫が一斉に水を噴き出すことで、筒を推進させることができるという仕組みである。

波のように広がる深海のイルミネーション

　陸上で観察した個虫の色は暗赤色から橙色だが、深海で撮影された群体の映像を見ると、透き通った綺麗な桃色に見える。群体の外側はうっすらと青みを帯び、幻想的な見た目となる。襲ってきた敵を驚かせるためか、刺激を受けたときも非常に強く発光する。刺激を受けた個虫が光り出すと、そこから体全体へ、光が波のように次々と広がっていく。

　この光は、ヒカリボヤが自ら発光するのではなく、共生している発光細菌による光と考えられているが詳細は明らかになっていない。

ヒカリボヤ科の一種

Pyrosomatidae

カリフォルニア近海。ヒカリボヤ科の一種の群体。

≫ Salpidae | サルパ目サルパ科

深海の長い首飾り

サルパ科の仲間

- 分布　広く分布
- 水深　0〜1000m（トガリサルパ）
- 主な食性

（トガリサルパ）

体長　最大約 5cm（単体）

　サルパ類は細長いクラゲのようにも見えるが、実はクラゲとは縁遠いホヤの仲間である。しかし、一般的なホヤのように岩などに固着せず、海中で浮遊生活を送る。体は寒天質で透き通っており、白や赤色がかった小さな内臓が透けて見える。

単独で生きる世代と、群体で生きる世代

　サルパの仲間は、無性生殖世代と有性生殖世代を交互に繰り返す、世代交代を行うのが一つの特徴である。

　無性生殖世代には単独で生活していて、体内には無性生殖のための発芽部を持つ。発芽により誕生した多数の個体は鎖状や車輪状に連なり、群体として浮遊生活を送る。連なった各個体は生殖巣を持ち、成熟するとそれぞれ卵子と精子を作って有性生殖をする。そして新しい組み合わせの遺伝子を持って生まれた子供は、再び単独生活を送る。このようなサイクルが繰り返される。この繁殖方法が功を奏しているのか、時には海中でサルパが大量発生し、漁網の目詰まりなどの問題を引き起こすこともある。

　有性生殖世代の個体は特別な器官で連なっていて、個体間で情報を伝達しながら行動している。ひとつひとつの個体は体長数cm程度のものが多いが、体長30cmにもなる種もいる。連なった群体の長さは数mに達することもある。

フトスジサルパ
Soestia zonaria

トガリサルパ
Salpa fusiformis

サルパ科の一種（群体）
Salpidae
地中海のサルパ（有性生殖世代）。

Heteroteuthis hawaiiensis コウイカ目ダンゴイカ科ハワイヒカリダンゴイカ

光る墨を吐いて逃げる小さなイカ

ハワイヒカリダンゴイカ

分布　ハワイ近海、南西太平洋など
水深　400〜1000m
主な食性

外套長　約2.5cm

　ハワイヒカリダンゴイカは体の小さなイカで、左右に耳のような丸いヒレがついていて、眼がとても大きい。短い腕には吸盤がしっかりと2列並んでいるが、第2腕と第3腕の先端には吸盤がない。

　イカやタコは敵から逃れるときに墨を吐くことで知られているが、両者の墨には違いがある。タコの墨は水中に煙幕のように広がるが、イカの墨は粘液が多く、塊状で吐き出される。タコの墨は自分の姿を消す煙幕で、イカの墨は捕食者の眼をそらす囮なのである。

　しかし、暗黒の深海で黒い煙幕を張るのでは効果がないため、深海のタコは墨袋をもたない。一方、ハワイヒカリダンゴイカやギンオビイカは、光る墨を吐くことができる。吐いた光る墨はボールのようにまとまったまま何分間か漂い、これを囮にして敵から逃れている。

光る墨の正体は発光細菌

　ホタルイカやユウレイイカなど、発光器官をもち自ら発光するイカ類は多いが、ハワイヒカリダンゴイカの光る墨は自家発光によるものではない。

　ハワイヒカリダンゴイカは、外套腔の中に、海中から取り込んだ発光細菌を共生させている。光る墨の正体はこの発光細菌で、ふだんはその光が外に漏れないように墨袋で覆っている。

ハワイヒカリダンゴイカ
Heteroteuthis hawaiiensis

チチュウカイヒカリダンゴイカ
Heteroteuthis dispar

地中海にすむヒカリダンゴイカ。

Dosidicus gigas ｜ツツイカ目アカイカ科アメリカオオアカイカ

食欲旺盛な「赤い悪魔」

アメリカオオアカイカ

[分布] 東部太平洋
[水深] 200〜1200m
[主な食性]

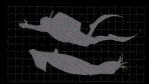

[外套長] 約1m

　アメリカオオアカイカは、ダイオウイカには及ばないが、大きなものでは外套長が1mを超える巨大な頭足類である。

　イカ類は非常に食欲が旺盛で、陸上の肉食動物のように攻撃性が高く同種を共食いすることもある。アメリカオオアカイカは、その気性の激しさからか、メキシコでは「赤い悪魔」と呼ばれる。小型の個体は主にオキアミ等を食べているが、中型〜大型の個体はイカ類も捕食する。

　一方で、本種の捕食者としては、キハダやイルカ類、マッコウクジラなどの大型生物が知られている。

　アメリカオオアカイカは食用にも利用されていて、集魚灯で集めて釣られる。外套長20cm以上の個体からは、集魚灯に集まったハダカイワシ科を含む多くの魚類が胃の中から見つかる。

体が赤くなったり、白くなったり

　アメリカオオアカイカは名前の通り赤い体色だが、体色を白っぽく変えることもできる。表皮にある「色素胞」という細胞を大きくしたり縮めたりすることで、体色を濃赤色から白色まで瞬時に変える。浅いところにすむイカ類は、このように体色を自由自在に変える技をもっている。

　また、全身の色を変えるだけではなく、ヒレや腕の一部のみを変色させる器用な行動も観察されている。こうしたイカの体色変化は、威嚇やおびえ、カモフラージュに使われているだけではなく、仲間とのコミュニケーションにも使われているらしい。

アメリカオオアカイカ
Dosidicus gigas

Histioteuthis heteropsis ｜ツツイカ目ゴマフイカ科カリフォルニアシラタマイカ

まるで真っ赤に熟したイチゴ

カリフォルニアシラタマイカ

分布　東太平洋
水深　400〜800m
主な食性

外套長　約13cm

　赤色の体に黒い斑点が並び、まるでイチゴのような見た目のイカだ。これらの小さな点は、全て発光器である。腹面の外套縁に40〜45個の発光器が並び、それに平行して10数列の発光器が密に並んでいる。さらに頭部や腕にも密に分布していて、まさに全身が発光器で覆われているようだ。

　このイカは、他の発光するイカと同様に無数の発光器の明暗を思うままに操るのだろう。周囲の明るさに合わせて発光することで、捕食者の前から姿をくらましたり、気配を消して獲物に近づいたりするのに役立つと考えられる。

　このような凄技を持っているのにもかかわらず、マッコウクジラには多くの個体が捕食されている。1頭のマッコウクジラの胃から、2000匹のカリフォルニアシラタマイカが見つかった例もある。ゴマフイカ科の仲間は、日本近海でも大西洋でもマッコウクジラの胃の内容物の大部分を占めることから、深海にかなりの数が生息していることが窺える。

大きさが異なる左右の眼

　ゴマフイカ科の仲間は全て、左右の眼が非対称で、左目が大きいことが特徴である。この大きさの異なる眼で海の中の上と下を見ているのではないかと考えられている。

カリフォルニアシラタマイカ

Histioteuthis heteropsis

コロナゴマフイカ

Histioteuthis corona

■ 200〜1000m

外套長 50mmほどの、
ゴマフイカ科の仲間。

タイセイヨウゴマフイカ

Histioteuthis atlantica

■ 300〜3000m

外套長 26cmほどの、
ゴマフイカ科の仲間。

Chiroteuthis picteti | ツツイカ目ユウレイイカ科 ユウレイイカ

透明な体で漂う「幽霊」のようなイカ

ユウレイイカ

|分布| 太平洋、インド洋
|水深| 200〜600m
|主な食性|

|外套長| 約25cm（成体）

　その姿からユウレイイカと名づけられたこのイカは、全身が寒天状で柔らかく、白く透き通っている。上の写真のような幼若体は、体が透明で、体長は数cm程度しかない。

　右上の写真のような成体になると4対目（腹側）の腕が特に太くなり、この腕には塩化アンモニウムを含む液泡がたっぷりと詰まっている。塩化アンモニウムは海水よりやや比重が低いため、水中で浮きの役目を果たす。さらに特徴的なのが、外套膜の3倍以上の長さになる細長い1対の触腕である。触腕には多数の楕円形の吸盤が並んでおり、これを利用して小さい獲物を捕らえて食べている。

攻撃にも防御にも使える発光器

　光るイカとして有名なホタルイカにはおよばないが、ユウレイイカも体に多くの発光器を備えている。

　眼の周りには3列の発光器がある。これは上からの太陽光によってできる自分の影をかき消し、敵から見つかりにくくしている。体は透明

▶ユウレイイカの成体。4対目の腕が太く、触腕は長い。

ユウレイイカ
Chiroteuthis picteti

（腹側）

触腕

4対目の腕

（背側）

▲ユウレイイカの幼若体。腕が未発達で、頸が異様に長い。

4対目の腕

触腕

なので影はできないのだが、不透明な肝臓や眼の影はどうにも目立ってしまうからだろう。

　また、太くて長い4対目の腕には55個もの発光器が並んでいる。さらに、長い触腕の柄には粒状の40個の発光器が並んでいて、先端にも発光器がある。この光をルアーのように使って獲物を誘うのだと考えられている。

Cranchiidae | ツツイカ目サメハダホウズキイカ科

深海の小さなホウズキ

サメハダホウズキイカ科の仲間

分布　広く分布
水深　数百 m（サメハダホウズキイカ）
主な食性

（サメハダホウズキイカ）

外套長　約13cm

　サメハダホウズキイカ科に属するイカは、ホウズキのように膨らんだ外套膜を持つ。全身がガラスのように透き通っている種が多く、英名では glass squid と呼ばれることもある。体長10cm以下の小さい種から、ダイオウホウズキイカ（p202）のような大型種まで含まれる。

　この科の仲間も、ユウレイイカ（p88）などと同様、眼のまわりに発光器を備えている。体は透明でも肝臓や眼は不透明なので、上からの光によってできてしまうそれらの影を、発光で打ち消す作戦である。

　また、外套の中はいくつかの小部屋に分かれており、比重の小さい塩化アンモニウムを含む溶液で満たされている。こうして浮力を得ることで、あまりエネルギーを使わずに海中を漂うことができる。

個性豊かな仲間たち

　サメハダホウズキイカは、名前の通りこの科を代表する種だ。外套膜は金平糖のような形をした小さな突起に覆われ、ザラザラしたサメ肌である。

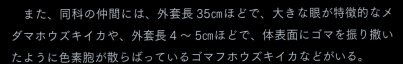

　また、同科の仲間には、外套長35cmほどで、大きな眼が特徴的なメダマホウズキイカや、外套長4〜5cmほどで、体表面にゴマを振り撒いたように色素胞が散らばっているゴマフホウズキイカなどがいる。

» 軟体動物門／漂泳生物

サメハダホウズキイカ
Cranchia scabra

メダマホウズキイカ
Teuthowenia megalops

キタノスカシイカ
Galiteuthis phyllura

外套長36cmほどになるサメハダホウズキイカ科の仲間。写真は幼若体。

ゴマフホウズキイカ
Helicocranchia pfefferi

太平洋で撮影された
個体。

Nautilus pompilius | オウムガイ目オウムガイ科 **オウムガイ**

5億年前の姿を伝える「生きている化石」

オウムガイ

分布　インド洋〜西太平洋
水深　0〜400m
主な食性

殻長　約20〜25cm

　熱帯太平洋のサンゴ礁域に暮らすオウムガイ。約5億年前に地球上に誕生し、現在までほとんど姿を変えることなく子孫を残してきた彼らは、「生きている化石」と呼ばれている。

　サザエなどの巻貝は殻全体がひとつの部屋になっているのに対し、オウムガイの殻の中は多数の部屋に区切られている。外界と接する一番大きい部屋にオウムガイの体が入っており、これより先の多数の小さい部屋はガスと少量の液体で満たされている。このガスの浮力を利用して、浮上するときのエネルギーを節約していると思われるが、沈むときはどのようにガスと液体を調節しているかなど、詳しい機構は明らかになっていない。

イカやタコと同じ頭足類の仲間

　水平に移動する際は、取り込んだ海水を漏斗から勢いよく吹き出して泳ぐ。イカやタコに似た泳ぎ方だが、それもそのはず、オウムガイは彼らと同じ頭足類の仲間なのだ。かつてはイカやタコの祖先もこのように殻を背負っていたが、進化の過程でイカはこれを「甲」として体内に取り込み、タコはほとんどの種で殻を失っている。

　また、イカやタコは眼にレンズを持ち、視覚から多くの情報を得ていることが知られている。対するオウムガイの眼は、レンズのない、真ん中に小さな穴が開いたピンホールカメラ型である。視覚にはあまり頼らず、獲物である生物の遺骸を触覚によって察知しているらしい。

オウムガイ
Nautilus pompilius

ヒロベソオウムガイ
Nautilus scrobiculatus
ニューギニアに生息する同科の仲間。

Opisthoteuthis depressa ｜ タコ目メンダコ科 **メンダコ**

深海を滑る赤い円盤

メンダコ

|分布| 日本近海
|水深| 200〜1060m
|主な食性|

|全幅| 最大26cm

　まるでUFOの円盤のような平たい体型が独特で、黒いつぶらな瞳と、耳のような小さなヒレがなんとも可愛らしい。腹側には小さな漏斗もあるが、墨袋を持たないため、一般的なタコのように墨を吐くことはできない。

　8本の腕には、それぞれ約65個の吸盤が1列についていて、吸盤の列にそって触毛がある。各腕は傘膜で連結されていて、独特な円盤のような見た目になっている。

　眼のあるところが頭部、2つの肉ヒレが付いた半球状の部分が外套膜である。肉ヒレは遊泳時の方向転換や姿勢の制御に使われる。ただし、泳ぐのは少し場所を変える程度のもので、基本的には海底でじっとしていることが多い。食料の乏しい深海で生き延びるため、多くの深海生物と同様に、エネルギーを節約した生活を送っていると考えられる。

高圧に適した、柔らかすぎる体

　また、体が非常に柔らかいのもメンダコの特徴だ。深海生物には体が柔軟なものが多いが、メンダコは特に柔らかくクラゲの体のようだ。海中から陸上に引き上げると、体を支えられずペッタンコにつぶれてしまうという。あまりに繊細なので、傷つけないように採取するには、調理器具のお玉で海中でそっとすくうのがよいといわれる。日本の水族館で飼育された例があるが、長期間の飼育は未だ成功していない。

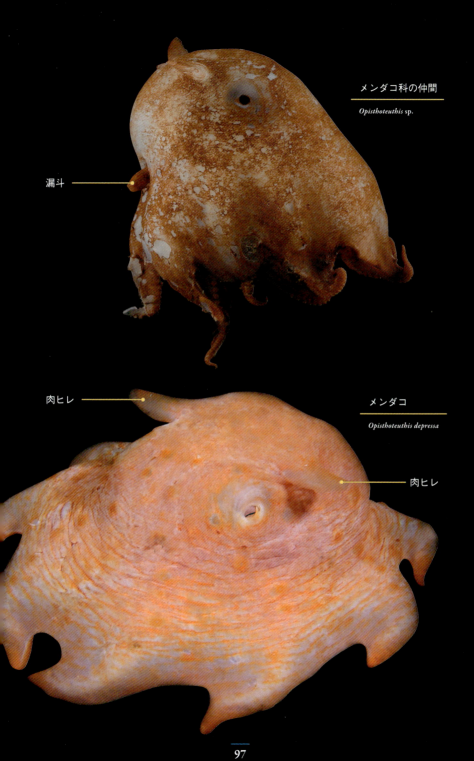

Grimpoteuthis hippocrepium | タコ目メンダコ科ジュウモンジダコ

大きな耳と広がるスカート

ジュウモンジダコ

分布　東太平洋、小笠原諸島海域
水深　500〜1380m
主な食性

全長　約8〜10cm

　ジュウモンジダコはメンダコと同じ科の仲間である。外套膜には1対のヒレがあり、その大きなヒレが耳のように見えるためか、英名では「ダンボオクトパス」と呼ばれている。外套膜は淡色だが、ヒレと傘膜の前半が暗紫色になっている。
　8本の腕はちょうど半分くらいの長さまで、傘膜によって連結している。各腕には1列に吸盤が並び、それに沿って触毛が生えている。この触毛をセンサーのように利用して、獲物を探すのだろう。
　通常は写真のように海中をゆっくりと漂うが、海底に降りる姿も観察されている。

ジュウモンジダコ
Grimpoteuthis hippocrepium

» 軟体動物門／漂泳生物

ジュウモンジダコ属の一種
Grimpoteuthis sp.1
北大西洋に生息する同属の仲間。大きな眼が特徴的。

ジュウモンジダコ属の多様な仲間

　ジュウモンジダコ属の仲間には、本種の他にもさまざまな種が見られる。タコの仲間としては珍しく発光器をもつヒカリジュウモンジダコ（p208）などもいる。
　その他にも体長が1m近くある個体や、水深5000m付近で発見された個体など、同属と考えられる個体が見つかっているが、いずれも種類や詳しい生態が分かっていないものばかりである。

ジュウモンジダコ属の一種
Grimpoteuthis sp.2
体長が1mほどある種。マリアナ諸島海域の、水深1857mで撮影された。

Amphitretus pelagicus ｜ タコ目クラゲダコ科 クラゲダコ

敵の目を逃れる透明な体

クラゲダコ

分布	太平洋の暖水域
水深	500〜1000m
主な食性	

体長　約20cm

　全身がクラゲのように寒天質で透明なことからこの和名が付いている。クラゲダコは、腕をまっすぐ揃えて上に向け、胴体を下にして、ほぼずっと同じ姿勢で漂っている。水っぽい身体の密度がうまく調節されているためか、あまり漏斗から水を激しく吹いている様子もない。他の深海ダコのように積極的に遊泳して獲物を狩るのではなく、クラゲのように漂い、徹底的な省エネ生活をしているのだ。

　クラゲダコが暮らす水深500〜1000m付近はわずかながら太陽光が届く。大きな身体の影を悟られてしまうと、より深い場所に暮らす生物の格好の餌食になる。透明な体は、シルエットをなくして敵から隠れる作戦なのだ。クラゲをはじめ多くの深海生物がとっている「体を透明にする作戦」だが、透明なタコというのは珍しい。

体の色を変えて暗闇と同化する

　あまり泳ぎが得意ではないということは、敵に襲われないことが重要だ。クラゲダコの2つの眼は筒状で、背側に向いている。広い視野を確保して、敵を敏感に察知しているのだろう。また、クラゲダコの驚くべき特徴として、敵が近寄ってきた時には全身を不透明なオレンジ色に変えることができる。透明な体では眼や内臓は透けて見えてしまうが、赤系の色は深海では目立たないため、敵の目をくらますことができるようだ。

クラゲダコ

Amphitretus pelagicus

静岡県の伊豆近海で撮影された個体。

Vitreledonella richardi | タコ目スカシダコ科 **スカシダコ**

限りなく透明に近いタコ

スカシダコ

分布　全世界の熱帯域
水深　200〜2000m
主な食性　

外套長　約4cm

　こちらも透き通った体を持つタコだが、クラゲダコよりもさらに透明度が高い。限りなく透明に近く、別名「ガラスダコ」とも呼ばれるほどだ。学名の Vitreledonella も、「ガラスのように透き通った」という意味のラテン語に由来している。
　殻や歯も持たず、毒も持たない、ひ弱で無防備な生物である。捕食者からは絶好のターゲットとなってしまうだろう。捕食者の眼を逃れるために、これほどまでに透明な体を獲得したのだ。
　外套長が4cmほどの個体が多く採集されているが、古い記録では全長45cmの雌の個体の記録もある。

体を縦にしている、その理由は？

　唯一捕食者に見つかってしまいそうなのが、体内に収められた円柱形の消化器官だ。この消化管は不透明なので、上から届く光によって影ができてしまう。同じように体が透き通っているユウレイイカ(p88)などは、影を消すための発光器を備えているが、スカシダコは発光器を持たない。その代わりに、常に体を縦の姿勢に保ちながら漂うという対策を取っている。消化器官の向きを縦にすることで影をできる限り小さくし、存在を隠しているのである。
　ひたすらに自分の姿を隠す防御の道を選んだスカシダコ。これも過酷な環境の深海を生き延びるための、ひとつの有効な作戦なのだろう。

» 軟体動物門／漂泳生物

スカシダコ

Vitreledonella richardi

Clione limacina ｜ 裸殻翼足目ハダカカメガイ科ハダカカメガイ

翼を持った海の妖精

ハダカカメガイ（クリオネ）

[分布] 北極海、寒流域
[水深] 0～600m
[主な食性] ミジンウキマイマイなど
[体長] 約1～3cm

ハダカカメガイという和名より、クリオネという属名のほうがピンとくる方が多いだろう。冷たい海にすむ「海の妖精」として、テレビや水族館で紹介されている。

ハダカカメガイは、その名の通り巻き貝の仲間だが、殻を持たずウミウシに近い。体は半透明で、消化器官や肝臓が美しい紅色に透けて見える。丸い頭には2本の短い角を持ち、体からは1対の翼足が生えている。翼足をゆっくりとはばたかせて泳ぐ姿はまさに妖精のようだ。属名のClioneも、ギリシャ神話の妖精の名前に由来する。

多くの軟体動物の貝類は海底や岩場を這って暮らしているが、翼足類は一生海底に降りることなく海中を浮漂して生活する。ハダカカメガイを含め、深海でも翼足類の仲間が確認されている。

本当は怖い妖精の素顔

この不思議な体をした生物の主な獲物は、同じ翼足類のミジンウキマイマイという、これまた翼を持った小さな貝である。

普段は大人しく可愛らしいハダカカメガイだが、ミジンウキマイマイを見つけると豹変する。狩りの際には頭の先端部分がパカっと開き、バッカルコーン（口円錐）と呼ばれる3対の触手のような捕食器官が現れる。これでミジンウキマイマイを一瞬にして捕らえ、身を殻から引きずり出して食べてしまうのだ。妖精のような姿とは裏腹に、実は獰猛な肉食者なのである。

ハダカカメガイ

Clione limacina

バッカルコーン（口円錐）を突き出すハダカカメガイ（右）。

タルガタハダカカメガイ

Cliopsis krohni

ハダカカメガイとは異なるクリオプシス科の一種。名前の通り、樽型の体をしている。暖海にすむ。

Phronima sedentaria | 端脚目タルマワシ科オオタルマワシ

樽と共に生き、育つ

オオタルマワシ

分布　広く分布
水深　0〜数百m
主な食性　ウミタル、サルパ、ヒカリボヤなど
体長　約3cm

　オオタルマワシは、透明な体を持ち、エビに似た形をしている。透明な樽に体を預けて漂っている様子や、樽の中に獲物を入れようとするかのように足を漕ぐ様子が観察されている。

　この樽の材料は、ゼラチン質の身体を持つヒカリボヤやサルパなどの生物である。オオタルマワシは彼らの中身だけを器用に食べて、自分の樽として再利用する。

透明な樽は乳母車

　この樽は、オオタルマワシが深海で生きる上で重要な役割を果たしている。その1つが、乳母車としての役割だ。オオタルマワシの雌はこの樽の中に卵を産みつける。そして子供が孵ると、母親はしばしば樽の外に出て、まるで乳母車のように樽を押しながら泳ぐ。子供は安全な樽の中で母親と一緒に深海を旅しながら成長するので、母子安心のライフスタイルである。

　さらにこの樽は、獲物を狩るための道具としても利用されているらしい。オオタルマワシが、樽をクラゲにぶつけて襲いかかる様子が確認されている。眼は樽の中でしっかりと保護しながら、ハサミだけを外に出してクラゲの体を削り取るという。このように、オオタルマワシはさまざまな場面で樽を活用し、深海を賢く生き延びている。

» 節足動物門／漂泳生物

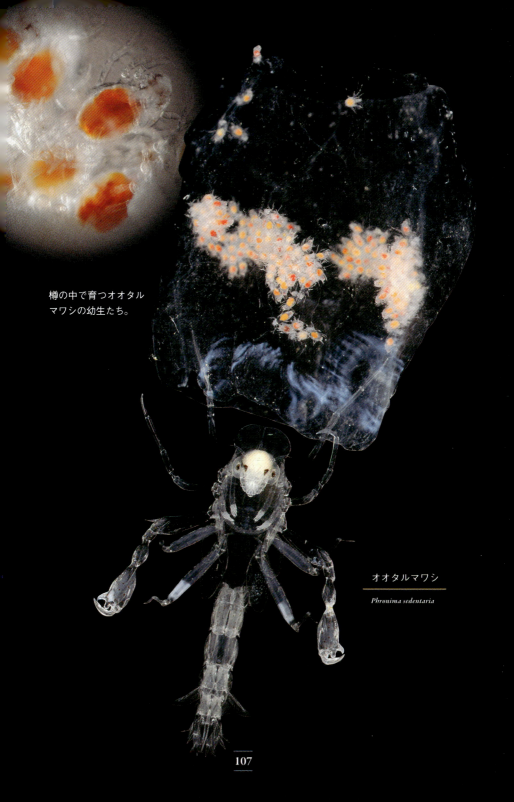

樽の中で育つオオタルマワシの幼生たち。

オオタルマワシ
Phronima sedentaria

» Gigantocypris ｜ ミオドコパ目ウミホタル科ギガントキプリス属

ギネスに登録された世界一の眼

ギガントキプリス属の仲間

[分布] 広く分布
[水深] 数百～数千 m
[主な食性] 不明

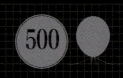

[体長] 約 1 ～ 2cm

　丸いキャンディのような、何とも奇妙な深海生物である。見た目に反して甲殻類の仲間だ。甲殻類の中の貝形虫亜綱というグループに属し、ウミホタルの近縁種である。このグループは体が二枚の貝状の殻で覆われているのが特徴で、体長は普通3㎜以下のものが多い。ギガントキプリス属は体長1㎝を超えるので、ウミホタルの仲間としてはかなり大型だ。丸い殻の中には長い脚と卵が収められており、外敵から注意深く守っているらしい。

どんな光も見逃さない

　ギガントキプリス属の最大の特徴は、金色に輝く大きな眼だ。この眼はどんなわずかな光でも見逃さずに集める、非常に高性能のレンズの役割を果たす。ほとんど太陽光の届かない水深に生息しているが、暗闇でも他の生物が出すわずかな光を余すことなく捉えているらしい。なんとギガントキプリス属の生物は、「もっとも光を集める能力のある眼を持つ生物」として、2007年にギネスブックにも掲載されている。
　そんなギガントキプリスは南極海で数多く採集されているが、日本近海ではあまり発見されていない。その生態はまだほとんど謎に包まれている。高性能の眼を活かしてどのような生活を送っているのか、今後の研究が楽しみな生物である。

» 節足動物門／漂泳生物

ギガントキプリス属の一種

Gigantocypris muelleri

ギガントキプリス属の一種

Gigantocypris dracontovalis

ギガントキプリス属の一種

Gigantocypris sp.

Tomopteris (Johnstonella) pacifica | サシバゴカイ目オヨギゴカイ科 **オヨギゴカイ**

優雅に泳ぐ変わったゴカイ

オヨギゴカイ

分布　三陸沖、相模湾など
水深　不明

主な食性　不明

体長　約20cm

　ゴカイの仲間の多くは体の側面に複数対の「疣足(いばあし)」という突起を持っているのが特徴の一つで、疣足は運動器官、感覚器官、呼吸器官を兼ねている。透き通った体が印象的なオヨギゴカイは、およそ25個の体節に22対の疣足を持ち、その後ろに細長い尾部が続いている。頭部の両脇からは長い突起が触角のように伸びている。

　疣足は先端が2つに別れており、分泌腺が透けて見えている。ストレスを受けると、ここから黄色の発光物質を放出することが知られている。詳しい仕組みはまだ不明だが、敵に襲われたときなど、発光物質を目くらましにして逃げるのかもしれない。

オールのような足で水を掻く

　ゴカイの仲間には、干潟などで泥の中に潜り込んで生活しているものが多いのだが、オヨギゴカイは少し変わっている。その名の通り、生涯海中を泳いで生活する。

　一般的なゴカイは短い疣足から剛毛が生えており、剛毛を使って体を前に進める。しかし、オヨギゴカイは剛毛を持たない。その代わりに、オールのように扁平になった疣足が節から長く飛び出ている。これを交互に動かして、水中を匍うように遊泳する。

　このゴカイは三陸沖や相模湾などで発見されているが、詳しい生態はあまりよくわかっていない。食性なども不明だが、深海に降りそそぐマリンスノーを食べているという説もある。

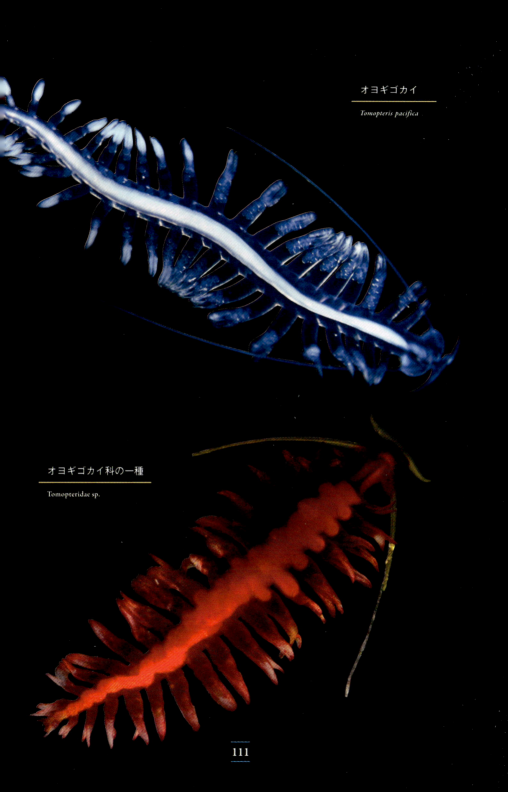

オヨギゴカイ
Tomopteris pacifica

オヨギゴカイ科の一種
Tomopteridae sp.

» Pleurobrachiidae　フウセンクラゲ目テマリクラゲ科

深海で光る小さな手鞠

テマリクラゲ科の仲間

[分布] 世界中の海
[水深] 0～数千m
[主な食性]

（テマリクラゲ属の一種）

[直径] 約1～4cm

　テマリクラゲ科に含まれるテマリクラゲ属やフウセンクラゲ属の生物は、名前の通り、手鞠や風船のような形をしたクラゲだ。クラゲと名がついているが、日本沿岸でよく見るエチゼンクラゲや、深海に生息するアカチョウチンクラゲ（p122）などの刺胞動物とは異なり、有櫛動物に分類される。有櫛動物は触手に刺胞を持たず、体の側面に8列の「櫛板（しつばん）」という器官を持つことから「クシクラゲ」とも呼ばれる。

　調査船で撮影された映像では、この櫛板を動かして推進力を得て深海を漂う様子が見られる。体が虹色に光って見えるが、これは櫛板が調査船のライトなどの光を反射しているためである。また、かすかな光だが、自身も発光する能力を持つ。

長い触手を広げたり、収納したり

　テマリクラゲ科の仲間には体長の10倍にもなる長い2本の触手をもつ種もいる。ふだんは球形の体の中に収納しているが、獲物を捕らえるときは、この触手を広げ、甲殻類やプランクトン、ほかの生物の卵などを吸着させて、触手ごと体内に取り込んで消化する。触手には枝分かれした側枝があり、粘性の高い細胞が外側に配置されている。これが、ネバネバしたハエ取り紙のような役目を果たすのである。

» 有櫛動物門／漂泳生物

テマリクラゲ属の一種

Pleurobrachia sp.

球形に近いテマリクラゲ属の一種。触手を体に収納している。

フウセンクラゲ属の一種

Hormiphora sp.

テマリクラゲ科フウセンクラゲ属の一種。

テマリクラゲ科の一種

Pleurobrachiidae

やや縦長な球形のテマリクラゲ科の一種。長い触手を広げている。

Lyrocteis imperatoris クシヒラムシ目コトクラゲ科コトクラゲ

「皇帝」の名を持つ不思議なクラゲ

コトクラゲ

分布　日本近海
水深　70～230m
主な食性

体長　約15cm

　まるでウサギの耳のような2本の腕を持った、一風変わったクラゲである。コトクラゲ科の仲間は、淡い黄色やオレンジ色、半透明のものなど、多彩な体色の個体が発見されている。

　学名の imperatoris はラテン語で「皇帝」を意味する。1896年に採取されていたようだが、発見以来まったく未知の生物だった。1941年に海洋生物の研究者であった昭和天皇が駒井卓博士に種の同定を依頼し、有櫛動物として正式に記載された。学名はこのことにちなんで付けられた。幼生には有櫛動物の特徴である櫛板が認められる。

腕を伸ばして、海底で待ち伏せ

　コトクラゲは有櫛動物の中では珍しく、海底の石やヤギ類などに付着して暮らす生物である。2本の腕部を潮の流れになびかせ、じっと獲物を待ち構えている。

　各腕部の先端からは、側枝のある1本の細長い触手が伸びる。触手には粘着細胞があり、これで動物プランクトンなどの獲物を捕まえる。また、腕部の先が開いて、与えられたオキアミなどを直接摂取するところも水槽内では観察されているが、未だに発見・採取された個体が少なく謎の多い存在である。

コトクラゲ

Lyrocteis imperatoris

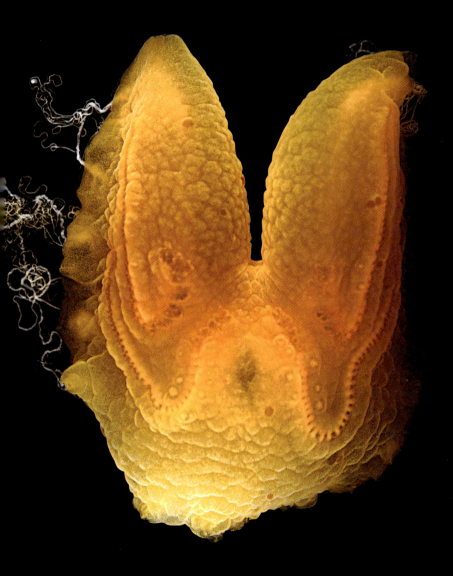

Cestum veneris | オビクラゲ目オビクラゲ科**オビクラゲ**

深海を漂うビーナスの帯

オビクラゲ

分布	熱帯〜亜熱帯海域
水深	0〜300m
主な食性	

全長 最長2m

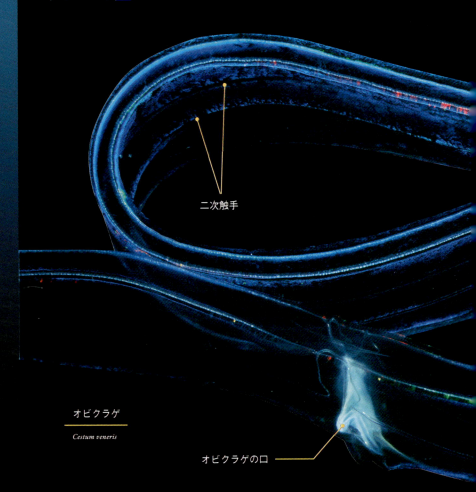

二次触手

オビクラゲ
Cestum veneris

オビクラゲの口

» 有櫛動物門／漂泳生物

その名前の通り、帯のような平らな身体を持つクラゲだ。長さは最長で２ｍにも達する。英名では venus girdle（ビーナスの帯）と呼ばれ、透き通った長い体が海中を漂う様子はとても優美だ。深海でこの生物に遭遇して、クラゲだと断言できる人は多くあるまい。しかし、これでもれっきとした有櫛動物、つまりクシクラゲの仲間なのである。

帯の真ん中に口がある

　オビクラゲは一見、他のクシクラゲとは似ても似つかない。クシクラゲ類は泳ぐための櫛板列を持っているのが特徴だが、オビクラゲの櫛板はどこにあるのか？

　実は、帯の縁にぐるっと張り巡らされている。この櫛板を用いて、全身を波打たせながら泳ぐのだ。

　獲物を食べる口も持たないように見えるが、帯の中央にある一本の白い筋は胃で、その中央から出ているのが口である。また、帯の幅の中程を、左右に走っている薄い線は、触手から分かれる二次触手と呼ばれる触手列なのだ。これを用いて、動物プランクトンなどの獲物を捕まえる。獲物を食べる時には口側の方向に水平に進むが、敵から逃げる時には、横方向に素早く進むようだ。

　未だその生態に謎の多いオビクラゲだが、生物発光をすることも確認されている。獲物を誘うためなのか、敵から逃れるためなのか。光る帯が深海を漂うさまは、さぞかし幻想的な光景に違いない。

Bolinopsis infundibulum | カブトクラゲ目カブトクラゲ科 **キタカブトクラゲ**

兜のようなクシクラゲ

キタカブトクラゲ

分布　太平洋、大西洋、北極海
水深　0〜1200m
主な食性

体長　最大 15cm

　キタカブトクラゲは無色透明のクシクラゲである。太平洋や大西洋の中でも水温の低いところや、北極海などでその姿が見られる。
　キタカブトクラゲの体は、下方が膨らみ、全体が兜のような形をしていることからこの和名がついた。この膨らみを「袖状突起」といい、ここに曲がりくねった水管が走っている。キタカブトクラゲの袖状突起には、大きな黒色斑がついていることもしばしばある。
　普段は体の上方に備わる櫛板を動かして遊泳するが、袖状突起を羽ばたかせるようにして泳ぐ様子も観察されている。狩りの際は、袖状突起を広げて表面の粘膜で獲物を捕らえる。この突起を腕のように用いて、獲物の小動物を口元に閉じこめたりする行動も見られる。

深海では見えなくなる、赤い兜

　カブトクラゲ目の仲間に、アカカブトクラゲという生物がいる。こちらは赤みを帯びた鮮やかな体色が特徴的である。アカカブトクラゲは色のバリエーションが多様で、一般的には赤色だが、紫がかった個体や、オレンジ色の個体も観察されている。
　深海調査中の出現率が高く、JAMSTEC の映像データベースにも多数の映像が登録されている。大きな櫛板を動かしながら泳ぐ姿は、なんとも幻想的である。

» 有櫛動物門／漂泳生物

キタカブトクラゲ
Bolinopsis infundibulum

アカカブトクラゲ
Lampocteis cruentiventer

Beroidae ｜ ウリクラゲ目ウリクラゲ科

綺麗に見えてすごく獰猛

ウリクラゲ科の仲間

[分布] 北太平洋など
[水深] 150〜750m（シンカイウリクラゲ）
[主な食性] クシクラゲ類など
[体長] 最大10cm

（シンカイウリクラゲ）

有櫛動物、すなわちクシクラゲの仲間は約140種が知られている。ウリクラゲ科は、クシクラゲ類で唯一触手を持たないグループである。

クシクラゲの多くは触手に粘着質の物質を持ち、これでカイアシ類などの動物プランクトンを捕らえて食べる。では、触手を持たないウリクラゲ科の仲間はいったい何を食べて生きているのか？

他のクシクラゲを丸飲み

実は、ウリクラゲは他のクシクラゲを捕食する。自分と同じくらいのサイズであれば、易々と丸飲みにしてしまうのである。

ウリクラゲの捕食時の映像は数多く撮影されている。片方の極をパカッと開き、他のクシクラゲを一瞬でペロッと飲み込んでしまう。約2cmのシンカイウリクラゲが、約8cmのカブトクラゲを腹一杯に食べ、パンパンに膨らんだ姿も観察されている。ときには、これをまた別のウリクラゲが飲み込んでしまうこともあるという。

そんなウリクラゲたちも、遊泳時には多数の櫛板で水を漕ぎ、ライトを虹色に反射しながら美しく漂う。遊泳時と捕食時のギャップには、驚かされるばかりである。

シンカイウリクラゲ
Beroe abyssicola

» 有櫛動物門／漂泳生物

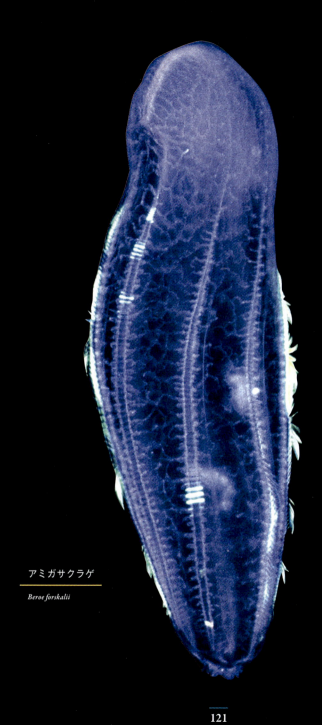

アミガサクラゲ
Beroe forskalii

Pandea rubra ｜ 花クラゲ目エボシクラゲ科 アカチョウチンクラゲ

赤提灯のような傘が伸び縮み

アカチョウチンクラゲ

分布	太平洋、大西洋、南極海
水深	450～1000m
主な食性	動物を捕食

傘高　約18cm

　アカチョウチンクラゲは提灯のような形をしたクラゲである。このクラゲは刺胞動物に属するクラゲで、クシクラゲのような有櫛動物とは異なり、毒のある針状の刺糸をもつ刺胞細胞を触手などに備えている。

　かつては発見例が少なく希少種だと考えられていたが、近年、岩手県の三陸沖に多数生息しているのが発見された。内側の赤い傘はほぼ不透明で、胃袋の中身が透けないようになっている。発光する生物を捕食したときに、その光が漏れて敵に見つかるのを防いでいるのである。

　傘の縁には24本の触手があり、非常に長く、伸ばしたときの長さは傘の6倍以上にもなる。浮遊する獲物を探しているのか、普段は触手を水平方向に伸ばして漂っていることが多い。移動する際は傘を水平方向にゆっくりとすぼませて、水を吹き出しながら泳ぐ。

「宿」として多くの生物を支える

　このクラゲは、多種の生物の宿にもなっている。ヨコエビやウミグモ類、他種クラゲ類の子供などが、アカチョウチンクラゲの傘に付着して生活することが確認されている。一方でこのクラゲも、幼生時代には翼足類という巻き貝の一種に付着する必要があることが知られている。

　近年、大気中の炭酸ガスが増え、海洋の酸性化が懸念されている。酸性の海水は貝殻の炭酸カルシウムを溶かすため、貝類にとっては存続の危機である。もしも翼足類が絶滅をすれば、アカチョウチンクラゲ、およびこれに付着する生物も絶滅する恐れがある。地上での環境変化が深海の生態系に影響をおよぼすこともあるのである。

» 刺胞動物門／漂泳生物

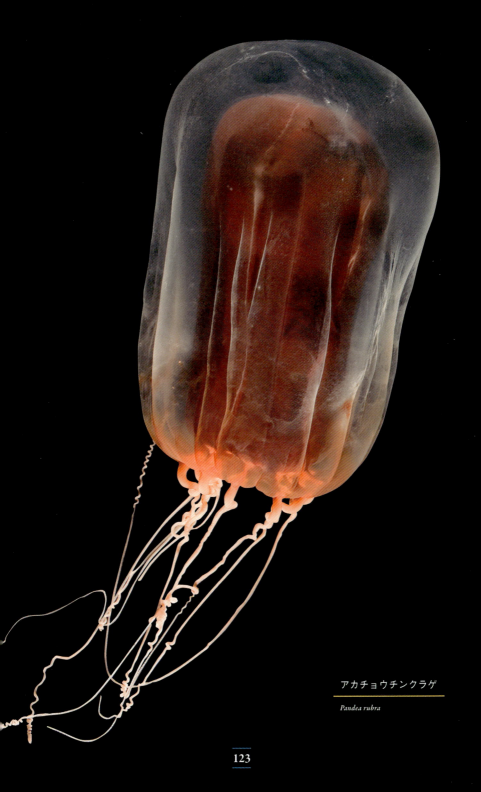

アカチョウチンクラゲ
Pandea rubra

Aglantha digitale | 硬クラゲ目イチメガサクラゲ科 ツリガネクラゲ

まるでガラスでできた釣り鐘

ツリガネクラゲ

|分布| 太平洋、大西洋など
|水深| 0〜数百m
|主な食性|

傘高　約2cm

　薄いガラスのように透き通った傘が美しいツリガネクラゲ。ライトを当てると、傘の筋肉が赤や青、金色と次々に変化していく。優雅な見た目に反して泳ぐのはかなり速い。傘の縁膜が発達しており、拍動を利用して水を間欠的に吹き出し、推進力を得ているようだ。

　幼生時代には小さなプランクトンを食べるが、成長するにつれ、カイアシ類など大きめの動物プランクトンを捕食するようになる。釣り鐘の下部に白く見えるのが口だ。傘の縁には100本近い糸状の触手があるが、あまり伸ばさず縮めていることもある。獲物が小さいので、触手を伸ばしてかき集める必要はないのかもしれない。獲物を食べる際には、釣り鐘のような傘をさかさまにしている様子も観察されている。

触手が光るニジクラゲ

　同じくイチメガサクラゲ科の仲間にニジクラゲがいる。やはり透き通った傘はまるでガラスの風鈴のようだ。生きている時の傘は無色透明だが、傘の下側には筋肉が発達しており、採集後に光にかざすと反射で虹色に光るという。これが和名の由来だろう。

　こちらのクラゲは、32本の長い触手を伸ばして泳いでいることが多い。この触手はとても切れやすく、発光させることができる。敵に襲われた際は、発光する触手を自ら切り離して目くらましを仕掛け、その隙に逃げると考えられている。

ツリガネクラゲ
Aglantha digitale

ニジクラゲ
Colobonema sericeum

Siphonophorae ｜ クダクラゲ目

一人は皆のために、皆は一人のために

クダクラゲ目の仲間

分布　広く分布
水深　100〜1500m（カノコケムシクラゲ）
主な食性

（カノコケムシクラゲ）
体長　約10cm（泳鐘部）

　クダクラゲ目の仲間は、「群体」を作ることで知られている。群体とは、同じ生物の個体が多数繋がって一つの大きな群になったものだ。全体の長さが数mに達するものもいる。

　最初は一つの個体だが、分裂や出芽をして増殖する。増えた個体は分離せずに繋がったまま、次々に成長する。各個体の間では、栄養分を含んだ液体が行き来している。

　それぞれの個体は、本来は一つの生物として独立できるだけの力を持っている。しかし実際には、全体で必要とされる機能を果たすべく、それぞれの個体が別の形へと成長する。これは我々人間に例えるなら、受精卵という一つの細胞が分化して、骨や皮膚、内臓、脳などの組織を作り出すのに似ている。これが細胞ではなく個体という単位で変化するところが、他の生物と最も違う点である。

個体どうしで役割分担

　群体の中で泳ぎを担当する個体の集まりを「泳鐘部」と呼ぶ。まるで鈴が連なっているように見えるが、一つの個体を取り出して見ると、普通のクラゲが傘だけになったような平たい形をしている。そのほか、浮き袋の役をする「気泡体」、個体どうしを繋げる「幹」、獲物を捕まえて消化し、他の個体を養う「栄養体」などがある。

　元々のクラゲと全く違う形や機能を担うように成長しきったそれぞれの個体は、もう独立して生きることはできない。「一人は皆のために、皆は一人のために」。群体はまさに一蓮托生の仲間と言えよう。

» 刺胞動物門／漂泳生物

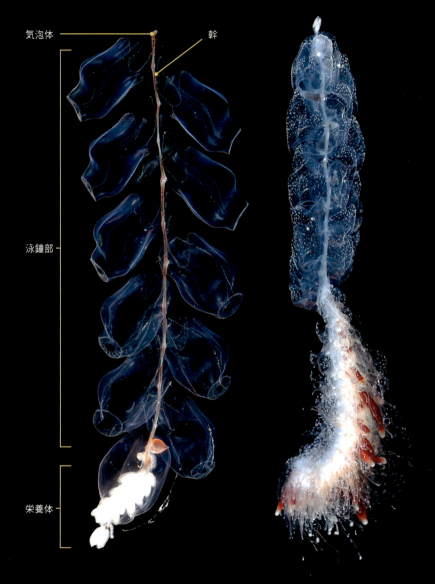

バレンクラゲ科の一種
Physophora sp.

クダクラゲ目バレンク
ラゲ科の一種。

Aeginura grimaldii 剛クラゲ目ツヅミクラゲ科ハッポウクラゲ

深海を漂う人工衛星

ハッポウクラゲ

|分布| 広く分布
|水深| 660 〜 1168m
|主な食性|

|傘径| 約4.5cm

　刺胞動物のヒドロ虫綱に属する、傘の直径が5cm未満の小振りなクラゲだ。体は濃い褐色で、深海では目立ちにくい色である。捕食した獲物が胃の中で発光しても敵から見つからないよう、濃い色の体で注意深く隠しているのだ。ハッポウクラゲ自身も発光能力を持つが、詳しい役割などはあまりわかっていない。

丸い体に、アンテナのような触手

　ハッポウという和名が表す通り、傘の中程から伸びる8本の長い触手が特徴である。触手は通常は体の横方向にまっすぐ伸びている。さらに、傘の縁には短い二次触手を持つ。寒天質の傘は、ドーム型よりもゆるやかな山型をしており、傘の縁を伸ばしたり丸めたりしながら泳ぐ。

　同じツヅミクラゲ科の仲間には、ツヅミクラゲやツヅミクラゲモドキなどの種が知られている。これらは4本の触手をもつ個体が多いが、まれに5〜6本の触手を有する個体もいるという。また、同科にはヤジロベエクラゲという種もおり、こちらは名前が表すように、2本の触手しか持たない。

　これらのクラゲたちの詳しい生態はまだあまり明らかになっていないが、JAMSTECのデータベースにはいくつかの映像が登録されている。出現頻度からすると決して珍しいクラゲではないようである。

ハッポウクラゲ
Aeginura grimaldii

ツヅミクラゲモドキ
Aegina citrea

Cyanea capillata | 旗口クラゲ目ユウレイクラゲ科 **キタユウレイクラゲ**

大迫力のたてがみを持つ

キタユウレイクラゲ

[分布] 日本近海
[水深] 0〜数百m
[主な食性]

[傘径] 約50cm

　傘の直径だけで約50cmにもなる、かなり大型のクラゲである。傘の内側から8本の太い口腕が生え、縁からは無数の長い触手が伸びる。同じ科の仲間には、より暖かい海に暮らすユウレイクラゲがおり、こちらも傘径50cm程度である。

　これらのクラゲは日本近海に生息するが、北極海などでも、キタユウレイクラゲと同種と思われるクラゲが発見されている。こちらはさらに巨大で、触手を含めて全長30mにもなる個体がいるという。世界最大の動物とされるシロナガスクジラに匹敵する大きさなので、海で出会ったらびっくりするだろう。

周囲のクラゲを食べ尽くす

　これらのクラゲは、主に他のクラゲを捕食している。その巨体を支えるために相当の量のクラゲを食べているようで、彼らが出現した場所からは他のクラゲがいなくなってしまうほどである。どちらの種も触手に毒を持つので、獲物を麻痺させて捕らえているのだろう。

　そんな大食漢のキタユウレイクラゲを生み出すポリプは、深海でも見つかっている。調査によると、深度数百mの海底から採られたゴミなどに、このポリプが付着していたという。海底は砂地が多くポリプが付着できる場所が限られるのだが、人間の捨てたゴミが彼らの繁栄を支えているとすれば、なんとも皮肉な話である。

キタユウレイクラゲ
Cyanea capillata

下から見た姿から、英名では lion's mane jellyfish（ライオンのたてがみクラゲ）と呼ばれる。

ユウレイクラゲ
Cyanea nozakii

Periphylla periphylla | カムリクラゲ目クロカムリクラゲ科 クロカムリクラゲ

世界の海に君臨するハンター

クロカムリクラゲ

- 分布 広く分布
- 水深 数百m〜（日本近海では700m〜）
- 主な食性

傘径 約20cm

「クロ」と付くが、実際はむしろ赤っぽい色をしているクラゲである。

クロカムリクラゲの泳ぎ方で特徴的なのが、傘の縁に付いた16枚のヒレ状の器官の動きである。これは縁弁と呼ばれる器官で、傘の運動と連携しながら、推進力を生み舵を取る役割を果たすらしい。

さらに、明らかに他のクラゲとは異なる部分がある。一般的なクラゲは身体の後方に触手をなびかせて漂うが、クロカムリクラゲは触手を前に向けて泳ぐことができる。

この12本の太い触手で積極的に狩りをして、えり好みせずどん欲に多様な生物を食べているらしく、海域によっては食物連鎖の上の方に君臨しているようである。クロカムリクラゲがかなり高密度に分布し、表層近くまで出現する海域も知られている。

敵への対策は、不透明な胃と生物発光

そんなクロカムリクラゲも、大きさとしては十分、大型生物の獲物になりうる。敵から姿を隠すための対策が、不透明な赤色の胃である。クロカムリクラゲは発光生物も捕食するため、消化中の生物の光が敵に悟られないように胃の壁で注意深く遮っている。

また敵に襲われた時の武器として、発光細胞を持つことが知られている。傘から触手まで体全体を青く光らせて、相手をひるませるのであろう。

クロカムリクラゲ

Periphylla periphylla

» Ulmaridae | 旗口クラゲ目ミズクラゲ科

巨大な傘を持つクラゲたち

ミズクラゲ科の仲間

|分布| 太平洋など
|水深| 600〜1750m（ディープスタリアクラゲ）
|主な食性|

（ディープスタリアクラゲ）
|傘径| 約60cm

　ディープスタリアクラゲは、傘の直径が60cmにもなる大型のクラゲだが、傘の縁から伸びる触手がないので、一見クラゲのようには見えない。傘を伸縮させることで泳ぐ姿も観察されておらず、どうやら流れに乗ってひたすら受動的に漂う生物のようである。透明な傘は非常に薄く、胃や口などの器官が白っぽく透けて見えている。

　傘が探査機のライトなどで照らされると、酸素や栄養を運ぶ水管が、まるでレースのような細かい網目状に張り巡らされているのがわかる。これは大きな傘の隅々まで栄養を行き渡らせるためである。

傘から指が生えたクラゲ？

　同じミズクラゲ科のユビアシクラゲも、傘径が70cmを超える巨大なクラゲで、ディープスタリアクラゲと同様に網目状の水管を持つ。奇妙な和名の通り、指とも足ともつかない太い突起が特徴的だが、これは実は触手ではなく、口の周囲から生えている「口腕」という器官である。小さな動物プランクトンなどの獲物を、この口腕や傘の表面に集めて、口に運んで食べると考えられている。

　潜水調査で傘径3〜40cmほどのユビアシクラゲの採取を試みた研究者によれば、回収された体の一部は非常にもろかったそうだ。体の密度を海水と同じ程度に調節し、浮力を得ているらしい。体が大きくもろいため、完全な個体を採集することは難しく、その生態の大部分はまだ謎に包まれている。

ディープスタリアクラゲ

Deepstaria enigmatica

ディープスタリアクラゲの幼い個体と思われる。

ユビアシクラゲ

Tiburonia granrojo

■■ 650〜1500m

傘径75cmまで。
口腕は4〜7本。

リンゴクラゲ

Poralia rufescens

■■ 500〜1400m

傘径25cmまで。
傘は薄くて非常にもろい。

» Bacillariophyceae｜珪藻綱
» Coccosphaerales｜円石藻目

深海生物を支える存在

植物プランクトン

|分布| 広く分布
|水深| 表層
|主な食性| 光合成

|体長| 約0.1〜0.01mm

　太陽光が届かない深海では、熱水噴出域などのごく限られた場所を除いて、生物たちは表層からの恵みに頼って生きている。海洋表層で太陽光から有機物を作り出し、海の食物連鎖を支えている存在が植物プランクトンだ。その死骸や糞はマリンスノーとなって海中に降り注ぎ、やがて深海にも辿り着く。

　多様な植物プランクトンの中でも2大勢力と言うべき存在が、珪藻と円石藻だ。どちらも幾何学的な美しい殻を形成する。両者とも光合成をして有機物を生み出すが、生態系での役割は少々異なっている。

ガラス質の珪藻と、丸い円石藻

　珪藻は珪藻植物門の単細胞藻類で、ガラス質のケイ酸塩の殻を作る。大きさは0.1mmほどで、深海底泥を顕微鏡で覗くと、大抵その欠片が観察されるほどポピュラーな存在だ。粘液を分泌し、プランクトンの死骸などを絡め取って大粒のマリンスノーの核となる。比較的密度の高いこのマリンスノーは、速い速度で深海へ沈んでいく。

　一方、円石藻はハプト藻の仲間で、大きさは珪藻の約10分の1程度。「円石」という円石状の炭酸カルシウムの殻を生産する。円石藻は殻ごとマリンスノーとなって深海へ沈んでいく。炭酸カルシウムとして殻に閉じこめられた有機炭素を海の下へ運ぶということは、生態系の中で重要な役割を果たしていると考えられる。

　地球の7割以上を占める海洋表面では、深海も含めた海洋生物を支える、小さいながらも壮大なドラマが常に起こっているのである。

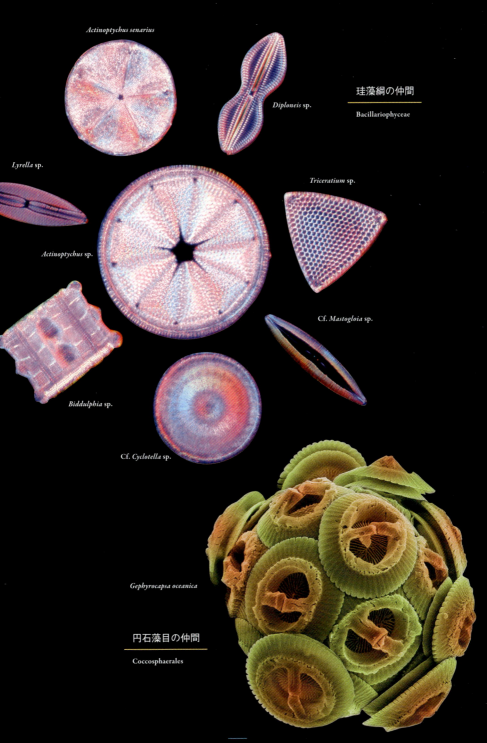

Megalodicopia hians | マメボヤ目オオグチボヤ科 **オオグチボヤ**

大口を開けて待ち構える

オオグチボヤ

[分布] 太平洋、日本海沿岸など
[水深] 300〜1000m
[主な食性]

[体長] 約15〜25cm

　大きく口を開けたような姿が、何ともトボケた印象のホヤである。映像や写真では、泥で覆われた海底面からニョキッと生えて生息しているように見えるが、実際は、その泥の下にある岩盤や、海底に沈んだ木などに固着している。

　大きな口のように見える部分は入水孔である。ここから大量の海水を取り込み、プランクトンなどを漉しとって、咽に相当する部分を通り、それから食道、そして胃へと運んで食べる。入水孔に運よく小型のエビやヒトデなどが流れ込んできた際には、口を能動的に閉じて、獲物を逃がさないようにする動作も確認されている。

口を開けてただ待ち構えるのみ

　浅い海に住むホヤの仲間の多くは、エラの周りに生えた繊毛を使って自ら水流を起こし、海水を取り込んで獲物を食べる。しかしオオグチボヤはこの繊毛を持たない。ただポカンと口を開けて、受動的な姿勢で獲物を待っている。海水の流れの方向を向いて口を開け、流れてくる獲物を選り好みせずに摂取しているのである。

　深海に群生するオオグチボヤ達は、目も鼻も持たず、大口だけを開けたり閉じたりしている静かな存在である。日本では富山湾などで群生が発見されているほか、相模湾でも群生地が見つかっている。

オオグチボヤ
Megalodicopia hians

》 *Yoda purpurata* ｜ギボシムシ綱の一種

花びらのような新種のギボシムシ

ギボシムシ綱の一種

[分布] 大西洋中央海嶺
[水深] 2700m 付近

[主な食性] 海底の有機物

[全長] 約7cm

　ギボシムシ類は、細長い管状の体を持つ半索動物で、ゴカイなどの多毛類に似ているが、体節や剛毛は持たないなどの違いがある。

　多くの種は海底の砂や泥に坑道を掘って棲み、砂泥を食べて栄養分を吸収する。巣穴の周りには、泥でできたうどんのような糞塊が積み上げられているのをよく見る。ギボシムシ綱の仲間は浅海から深海まで幅広く分布し、約90種が現生すると考えられている。

大きな唇で獲物を捕食する新種のギボシムシ

　2011年、大西洋中央海嶺の近く、水深2700m付近で新種のギボシムシ *Yoda purpurata* が見つかった。このギボシムシは赤紫色の花びらのような「唇」を用いて、巧みに獲物を捕食するという。多くのギボシムシは口の周りに小さな唇が付いているだけだが、この種の唇は異様に長く大きい。生物の少ない深海で効率的に食料を得るために、大きな唇を獲得したのであろう。

　このように、近年は深海に暮らすギボシムシが多数発見されている。浅海に暮らすギボシムシ類はどの種も似ているが、深海の種はそれぞれ独特な形態をしており、その多様性が明らかになりつつある。

》 半索動物門／底生生物

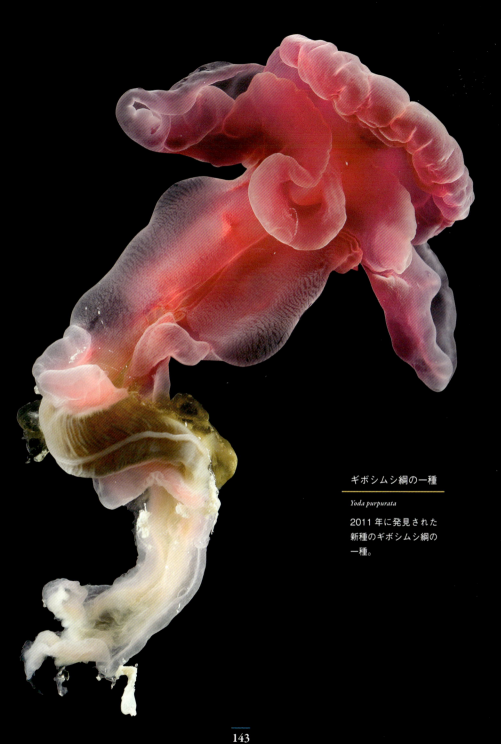

ギボシムシ綱の一種

Yoda purpurata

2011年に発見された新種のギボシムシ綱の一種。

Crossaster japonicus | ニチリンヒトデ目ニチリンヒトデ科 **ニホンフサトゲニチリンヒトデ**

ヒトデを食べる獰猛なヒトデ

ニホンフサトゲニチリンヒトデ

[分布] 日本海、タスマニア沖など
[水深] 90〜2090m
[主な食性] ★

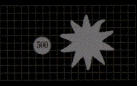

[直径] 約8cm

　ニホンフサトゲニチリンヒトデは、名前の通り多数の棘に覆われたヒトデだ。同属に、より浅い場所に生息するフサトゲニチリンヒトデがおり、日本近海では水深106〜255mで発見されている。

フサトゲニチリンヒトデ
Crossaster papposus

» 棘皮動物門／底生生物

一般的なヒトデは5本の腕をもつが、ニチリンヒトデ科の仲間は10本以上の腕をもつことが多い。腕の数は必ず10本、というように決まってはおらず、個体によって異なるようだ。

さまざまな機能をもつ管状の足

ヒトデ類を含む棘皮動物は、体内に水管系という特有のシステムを持つ。多くのヒトデの場合、隣接する2本の腕の付け根あたりに、水を取り入れる石管と、水の出入りを調節する多孔板という蓋のようなものがある。取り入れた水は、体内に張り巡らされた水管で「管足（かんそく）」という細かい管状の足に運ばれる。

管足は「足」とあるが、各腕の表面から多数突き出ている薄い膜状の器官で、水圧を変化させることで伸び縮みする。これを利用して、海底を移動して、獲物を捕っているのである。ニホンフサトゲニチリンヒトデやフサトゲニチリンヒトデは非常に貪欲で、小型生物、ウニ類、ナマコ類、さらには他種のヒトデ類までも狩って食べてしまうという。

この他にも、管足は表面から酸素を取り入れて二酸化炭素などを排出する機能を持つ。棘皮動物には、これといったエラや心臓はないが、水管系が似たような役割を果たしているのである。

ニホンフサトゲニチリンヒトデ

Crossaster japonicus

盤の中央が盛り上がっている。海底面側についた口で、他の生物を捕食しているところかもしれない。

Linopneustes murrayi | ブンブク目ヘイケブンブク科ウルトラブンブク

ウルトラサイズの変わり者

ウルトラブンブク

[分布] 西太平洋
[水深] 560〜1615m
[主な食性] 海底の有機物

[殻径] 約20cm

　ウルトラブンブクを含むブンブク目はウニの仲間で、棘皮動物門に属する。ウニ類の多くは前後の区別がない整った球形の体をしており、体の向きに関係なく海底を自由な方向へ歩き回る。しかし、ブンブク目などの仲間は肛門が体の後方に位置し、前後の区別がある左右対称形の体をしている。「不正形類」と呼ばれるこれらの仲間は、砂や泥に潜るために、適応した体形になったと考えられる。

　不正形類が持つ棘は、生えている部位によって形や大きさが異なる。体の前後に区別があるので、前部には砂を崩すための棘、口側の中央には歩行用の棘というように、それぞれの作業に特化した棘を体の適切な部位に配置している。不正形類の仲間は、これによって効率的に砂を掘り、海底に潜って暮らしている。

潜るのをやめたウルトラブンブク

　そのような体をもつブンブク目でありながら、潜ることをやめて、海底を歩き回る、変わった種がいくつか存在する。実は、ウルトラブンブクもその1種で、深海底で群れをなして歩く姿が捉えられている。

　海底に潜るブンブクたちは口側にある左右の棘を砂の運搬に利用するが、潜るのをやめたブンブクたちは、この棘を歩行に利用する。この棘は体の左右で交互に動くので、本来の歩行用の棘を使うより素早く移動できる。また、この棘で器用に岩に登る姿も観察されている。

ウルトラブンブク
Linopneustes murrayi

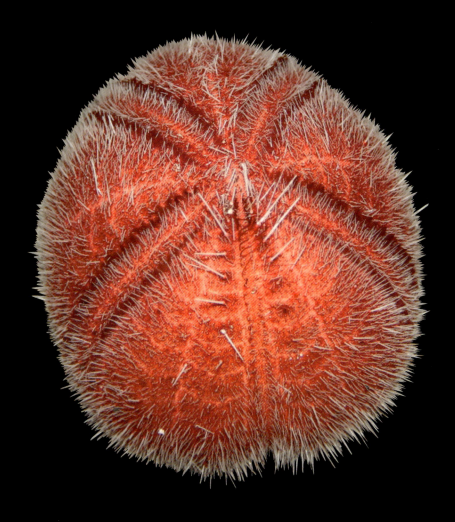

Ophiura sarsi クモヒトデ目クモヒトデ科 **キタクシノハクモヒトデ**

海底を覆う星形の群れ

キタクシノハクモヒトデ

分布	環北極帯
水深	3〜3000m
主な食性	海底の有機物

盤径 約1cm

　クモヒトデ綱は棘皮動物で最も種類の多いグループで、世界中で約2300種が知られる。平たい円盤のような体から、棘の生えた5本の細長い腕が放射状に突き出ており、移動するときは腕を波打つように動かす。この腕は、骨が人間の背骨のように連なった構造をしているため、自在に曲げることができるし、陸上のトカゲのしっぽのように自切することもできる。

　海底の表面や泥の中に生息する種のほか、他の生き物に絡み付いて暮らす種もいる。世界中の潮間帯から超深海底まで様々な海域に分布し、陸棚やフラットな深海底ではしばしば優占種となっているようである。

クモヒトデ目の一種
Ophiurida

» 棘皮動物門／底生生物

海底に広がるクモヒトデの群れ

　北日本沿岸の水深200〜500mでは、キタクシノハクモヒトデが海底を覆い尽くすような高密度で群れているのが観察されている。最も多い場所では、1㎡に300以上の個体が密集していたという。
　キタクシノハクモヒトデは、普段は海底に堆積した有機物を食べているが、海底に近付いてきたハダカイワシ類などの魚類を食べることもある。獲物がやってくると、クモヒトデの一個体が素早く反応し、腕を曲げて襲いかかる。最初のアタックですぐに捕まえられなくても、周囲の個体が次々と群がってくる。こうなると、魚も容易には逃げられない。
　たくさんの仲間と群れているからこそ、活発に泳ぎ回る魚類も捕らえることができるのである。

キタクシノハクモヒトデ
Ophiura sarsi

Gorgonocephalus eucnemis | ツルクモヒトデ目テヅルモヅル科 オキノテヅルモヅル

蔓のようなクモのようなヒトデ

オキノテヅルモヅル

分布	環北極帯、日本近海
水深	16〜1000m
主な食性	

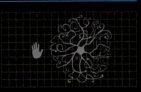

盤径 約12cm

　テヅルモヅル科の仲間は、ヒトデやクモヒトデと同じ棘皮動物門に属している。基本の腕の数が5本である点が似ているが、テヅルモヅルの腕は、先に行くにしたがって細かく、複雑に分岐している。

　テヅルモヅルは漢字で書くと「手蔓藻蔓」となる。分岐した腕は確かに、植物の蔓にも見える。それぞれ独立して多方向に動く腕を利用して、クモヒトデのように腕の屈伸運動で移動をする。

たくさん手があれば食事も効率的

　テヅルモヅルは海底で腕を大きく広げ、流れてくるマリンスノーなどを捕らえて食べている。腕の複雑な分岐は、なるべく広い範囲の食物を集めるための適応ではないかと考えられる。腕を伸ばしたところがまるでカゴのように見えるので、テヅルモヅル類は、英語では Basket star と呼ばれている。

　また、ツルクモヒトデ目の中には、サンゴの仲間のヤギ類など背の高い生物に付着して暮らす種も多い。ただ海底に体を伏せているよりも、別の生物につかまって海底から少し上にいるほうが、流れてくる食物を効率よく集めることができるのであろう。テヅルモヅルの仲間のなかにも、他の生物に絡み付いて食物を待つものがある。

» 棘皮動物門／底生生物

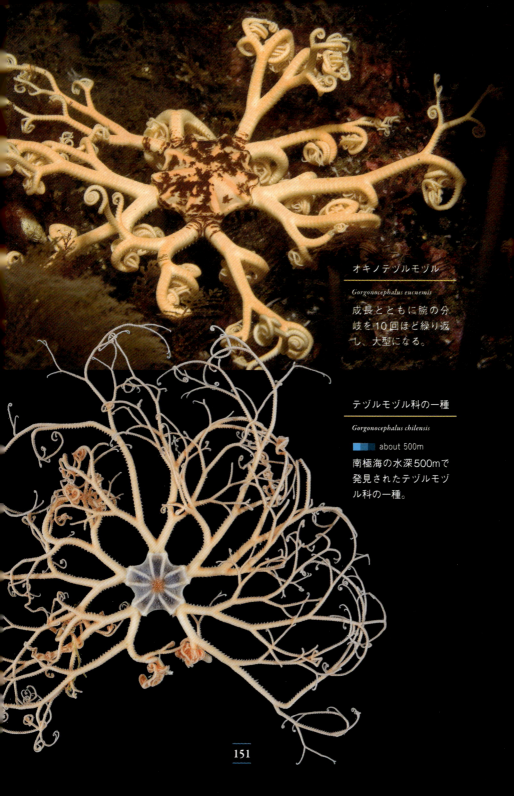

オキノテヅルモヅル
Gorgonocephalus eucnemis

成長とともに腕の分岐を10回ほど繰り返し、大型になる。

テヅルモヅル科の一種
Gorgonocephalus chilensis

about 500m

南極海の水深500mで発見されたテヅルモヅル科の一種。

» Laetmogonidae | 板足目カンテンナマコ科

寒天状の深海ナマコ

カンテンナマコ科の仲間

[分布] 太平洋（ハゲナマコ）
[水深] 212〜2598m（ハゲナマコ）
[主な食性] 海底の有機物
[体長] 約30cm

（ハゲナマコ）

　カンテンナマコ科の仲間は、名前の通り、寒天状の体をしたナマコの仲間である。
　カンテンナマコ科を代表するカンテンナマコの腹側にはたくさんの大型管足が並んでおり、これで海底を歩いて移動する。またこれとは別に、管足が変形した細くて短い毛のような「疣足（いぼあし）」という突起が背側に多数並んでいる。この科の仲間には、こういう体の特徴をもつ種が多いようである。

カンテンナマコ科の一種
Pannychia sp.

» 棘皮動物門／底生生物

ハゲナマコ

Pannychia moseleyi

相模湾の水深1199m地点。
ハゲナマコの群集。

はげていないのにハゲナマコ

　カンテンナマコ科にはハゲナマコという種もいる。
　体の腹側の両脇には、短い管足がずらっと一列に並んでいるところは同科の他種と同様だが、背側の髭状の疣足はややまばらで不規則に並び、その間に、長い8対ほどの疣足がある。ハゲという名がついているのは、他種と比べて毛のようなものが短くまばらだからであろう。
　ハゲナマコは、日本近海では水深700〜1200mの海底に多数生息しており、群れをなす様子も観察されている。これらのナマコは泥の中の有機物を食べて生きているので、この深度にはこれだけのナマコ個体群を支えるほどの有機物が降り積もっていることを示している。

Lithodes longispina | 十脚目タラバガニ科ハリイバラガニ

おいしいカニにはトゲがある

ハリイバラガニ

[分布] 日本近海
[水深] 550〜1300m
[主な食性] 不明

[甲幅] 約14cm

　ハリイバラガニは、名前の通り、甲羅から脚まで全身がびっしりと長い棘で覆われているのが特徴だ。同じくタラバガニ科にイガグリガニというカニがおり、こちらは甲羅にハリイバラガニよりも短い棘が生えている。体は丸く、脚を縮めた姿は栗のイガによく似ている。
　これらのトゲトゲしいカニたちをじっくりと見てみると、他のカニと比べてどことなく脚まわりが寂しいような気がする。それもそのはず、カニの仲間は鋏脚を入れて10本の脚を持つはずだが、彼らの脚は見た目には8本しかない。

隠された2本の脚

　ハリイバラガニやイガグリガニは、名前にはカニと付くが、分類学上は、むしろヤドカリなどに近い。ヤドカリの脚は8本のように見えるが、実はカニと同じように10本ある。一番後ろの1対の脚はたいてい短く、甲羅の中に隠れてしまうことが多い。ハリイバラガニたちも後ろの1対の脚が腹部の甲羅に隠れているため、脚が8本に見えるのである。
　タラバガニ科の仲間には、タラバガニをはじめ、ハナサキガニやアブラガニなど、食用としても評価が高い種が多い。その中でも、ハリイバラガニはかなりの美味であるらしいので、ぜひ一度その味を賞味してみたい。

ハリイバラガニ
Lithodes longispina

イガグリガニ
Paralomis hystrix

» **Colossendeidae** | 皆脚目オオウミグモ科

消化も呼吸も脚におまかせ

オオウミグモ科の仲間

[分布] 太平洋、大西洋、インド洋
[水深] 20～4000m

[主な食性] 不明

[体長] 約3～30cm

　ウミグモの仲間は、長い脚が印象的で、その姿は陸上で目にするクモにどことなく似ている。しかし、体の作りは異なるため、クモ類とは別のグループに分類されている。

　体は頭部、胸部、腹部に分かれており、頭部の先端には長い円筒状の吻がある。胸部からは8本の歩脚が伸びているが、小さな体に収まりきらない内臓の一部は、枝分かれしてこれらの脚の中に入り込んでいる。

　ウミグモ類は魚類のエラのような、呼吸をするための特別な器官は持っておらず、体表面から酸素を取り入れ、体内から二酸化炭素を排出している。体のパーツのほとんどが細長く、体積に対して表面積が広いため、体表面でのガス交換だけで、十分な量の酸素を取り込んでいる。

深海に潜む巨大ウミグモ

　ウミグモ綱にはおよそ1200種の仲間が含まれ、浅海の岩礁などには小型の種が数多く生息している。しかし、深海に暮らすオオウミグモ科の仲間は大きくなるものが多い。ナスタオオウミグモなどは脚の長さが6cmを超える。さらに大きいのがベニオオウミグモで、脚を広げると40cmにもなる。

　なぜ深海に生きるウミグモたちがこれだけ大きく進化したのか、理由は明らかになっておらず、食性などを含め、その生態はまだほとんど判っていない。

» 節足動物門／底生生物

オオウミグモ科の一種
Colossendeis sp.

Liponema brevicornis　イソギンチャク目ダーリアイソギンチャク科 ダーリアイソギンチャク

海底に咲く大輪の花

ダーリアイソギンチャク

[分布]　カリフォルニア沖、日本近海
[水深]　100m 以深
[主な食性]

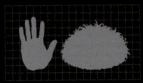

[体長]　約20～30㎝

　全身を鮮やかな色の触手に覆われた不思議な生物だ。これでも、れっきとしたイソギンチャクの仲間なのである。無数の触手が生えた丸い体が、まるでダリアの花のように見えるのでこの和名がついたという。この触手は剥がれ落ちやすく、触手が落ちると普通のイソギンチャクのような体が現れる。

転がる石のように生きる

　一般的なイソギンチャクは岩などに付着して暮らし、流れてくる獲物をじっと待っている。しかし、ダーリアイソギンチャクは砂泥底に住み、どこにも付着することなく、潮の流れに乗ってボールのように転がりながら移動する。流れに逆らわずに転がって到着する場所は、ちょうど餌もたまるような所になっていて、都合がよいのであろう。

　触手は外側に広がっており、伸ばしたときの体長は20～30㎝にもなる。これだけ多数の触手があれば狩りにも有利だろう。主な獲物は小型の甲殻類などで、触手にある毒で麻痺させて、動けなくなったところで、体の中央上部にある口まで運び、丸飲みにするのだ。可憐な花のような見た目に反して、貪欲な捕食者なのである。これもまた、深海で生き延びるために進化した、したたかな生物の姿だろう。

» 刺胞動物門／底生生物

ダーリアイソギンチャク
Liponema brevicornis

Actinoscyphia ｜ イソギンチャク目クラゲイソギンチャク科クラゲイソギンチャク属

まるでパックリ開いたがま口

クラゲイソギンチャク属の仲間

[分布] 相模湾、沖縄トラフなど
[水深] 650〜2000m
[主な食性]

[口盤径] 約5〜7cm

　クラゲイソギンチャク属の生物は、イソギンチャクの中でも非常に独特な形態をしている。一般的なイソギンチャクの仲間は口盤が円形で、その周囲に触手が並んでいる。これに対して、クラゲイソギンチャク属の仲間は、なんと口盤が「がま口」のように2つに折れているのだ。口盤の周りに並んだ触手は、まるで鋭い牙のようである。その姿は食虫植物のハエトリソウにも似ている。

クラゲイソギンチャク属の一種
Actinoscyphia sp.1

≫ 刺胞動物門／底生生物

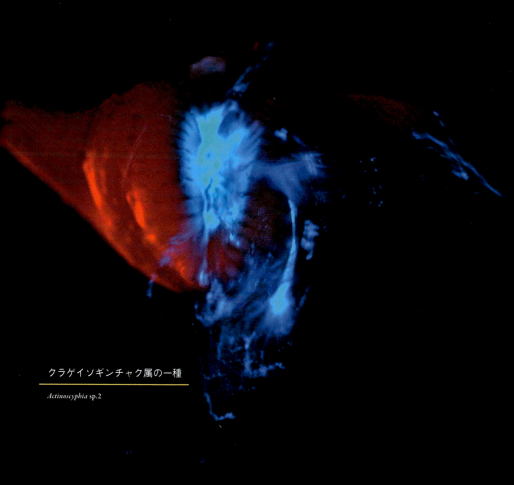

クラゲイソギンチャク属の一種

Actinoscyphia sp.2

光る粘液でおとり大作戦

　2012年にバハマ沖で行われた調査によって、発光粘液をもつクラゲイソギンチャクの生態が明らかになった。この生物は、敵が襲ってくると、発光する粘液の幕を放つ。この発光粘液は敵の体にしっかりと粘着して落ちないので、粘液を浴びせられた敵は暗闇の深海で目立ってしまい、他の捕食者から狙われることになる。敵をおとりにして、自分は捕食者との争いからうまく逃れていると考えられる。

Branchiocerianthus imperator | 花水母目オオウミヒドラ科オ**トヒメノハナガサ**

海底に咲く一輪の花

オトヒメノハナガサ

- 分布　インド洋、太平洋
- 水深　数百～数千m
- 主な食性

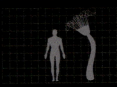

高さ　約1～2m

「乙姫の花笠」とは、優雅な名前である。海底で出会うとまるで花が咲いているような姿に驚かされる。太陽光の届かない深海に植物は育たないから、もちろん動物だとわかっていても、ついついこの姿に幻惑されてしまう。

オトヒメノハナガサは刺胞動物に属するので、こう見えても実はクラゲの仲間で、その中でもヒドロ虫綱に分類される。ヒドロ虫綱には、オトヒメノハナガサのように海底に固着するポリプ型の生物と、自由に遊泳できるクラゲ型の生物がいる。成長段階に応じて、この二つの形を行き来するものも多い。いずれも幼生期には単独で遊泳生活を送ることができる理由のひとつは、そこにあるかもしれない。

花びらを広げて獲物を待つ

クダクラゲ類など、ヒドロ虫の仲間には群体を作るものが多いが、オトヒメノハナガサは1個体だけで生活する。ヒドロ虫の個体としては世界最大で、充分に成熟すると体長2mほどになるという。

そんな大きな体を支える獲物は、潮流に乗って漂っている動物プランクトンや小動物だ。口の周りにある花びらのような触手をいつも大きく広げ、流れと反対側を向いて佇み、流れてくる獲物を待ち構えている。

可憐な花のようなこの触手も、やはり獲物を捕らえて生き抜くための大事な武器なのである。

オトヒメノハナガサ
Branchiocerianthus imperator

Euplectella aspergillum | 散針目カイロウドウケツ科カイロウドウケツ

ガラスで編んだヴィーナスの花籠

カイロウドウケツ

|分布| 太平洋、大西洋、インド洋など
|水深| 100〜3000m
|主な食性|

体長 | 約10〜80cm

カイロウドウケツは海綿動物の一種で、珪質の繊細な骨片を持つことからこの仲間は「ガラス海綿」とも呼ばれる。海綿は、内臓も神経も持たない非常に原始的な動物だ。空洞になっている体内に海水を取り込み、水中に含まれる有機物を漉しとって摂取する。

海底に骨片の束を差し込んで、円筒形の体を立ち上げているカイロウドウケツの姿は、複雑に編み上げられた籠のようにも見える。採集した個体を乾燥させると、真っ白なガラス繊維質の籠が出来上がり、その芸術作品のような形状からか、英名はVenus' Flower Basket（ヴィーナスの花籠）という。

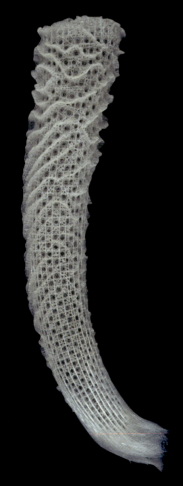

カイロウドウケツ
Euplectella aspergillum

» 海綿動物門／底生生物

空っぽの籠はエビの隠れ家

　カイロウドウケツは、漢字で「偕老同穴」と書く。夫婦が仲睦まじく老いて、最後には同じ穴(墓)に入るという意味の四字熟語である。
　カイロウドウケツの胃腔の中には、通常体長 2cmほどのドウケツエビの雌雄が暮らしている。カイロウドウケツの籠状の体で外敵から保護され、有機物を含んだ海水が自動的に取り込まれてくるのだから、実に恵まれた生活環境だ。このように夫婦のエビが体内で生活していることから、この名が付けられたという。2匹のエビは初めからカイロウドウケツに入っているのではなく、胃腔内で生存競争を勝ち抜いた雌雄のみが残るらしい。
　偕老同穴という言葉の意味を聞き、閉じられた籠のような形をしたカイロウドウケツの体を見ると、これらのエビは生涯をその籠の内部で過ごすと思われるかもしれない。しかし、ドウケツエビの専門家の話によると、実際は籠の内外を自由に出入りするそうである。

ドウケツエビ科の一種
Spongicolidae

深海コラム　DEEP SEA Column

映像で見る深海生物

JAMSTECのホームページ上の「深海映像・画像アーカイブス（J-EDI）」では、深海で撮影された映像や画像を無料で閲覧できる。いくつかの魅力的な映像をここで紹介する。

検索したい生物の和名を入力して検索すると、閲覧できる動画や画像が表示される。

JAMSTEC　JEDI

左の単語で検索すると上のページにアクセスすることができる。

ディープスタリアクラゲの採取

ディープスタリアクラゲ（p137）が、無人探査機ハイパードルフィンによって採取される様子が撮影されている。ディープスタリアクラゲはとても大きいクラゲなので、採取も一苦労である。

撮影場所　三陸沖　水深　668.4m

ウカレウシナマコの遊泳

2匹のウカレウシナマコ（p223）のうち、右下に映る1匹が突如として飛び上がり、画面の外に泳ぎ去っていく。深海底の底砂が巻き上がる様子や、このナマコの独特な生態をしんかい2000のカメラがとらえた。

撮影場所　南海トラフ　水深　1757m

ギンザメ科の一種による捕食

ハイパードルフィンが撮影した、ギンザメ科の一種が他魚に飛びつく映像。普段はヒレをひらひらと羽ばたかせて優雅に泳ぐギンザメ科の一種の、貴重な捕食シーンを見ることができる。

撮影場所　駿河湾戸田沖　水深　1396.6m

第2章
Bathypelagic zone

漸深層
1000〜3000m

Physeter macrocephalus | 鯨偶蹄目マッコウクジラ科マッコウクジラ

ダイオウイカを食べる潜水クジラ

マッコウクジラ

- 分布 広く分布
- 水深 0〜3000m
- 主な食性

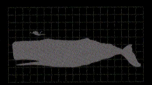

体長 最大18m

　雄で体長約18m、体重は約50トンにもなる。全身の3分の1を占める頭部には、巨大な脳とともに鯨蝋と呼ばれる油が詰まっている。

　この巨体を支えるのは、深海に暮らす生物である。マッコウクジラは表層と漸深層を行き来して暮らすが、生涯の実に3分の2を中深層〜漸深層での狩りに費やすという説もある。主な獲物はイカ類で、中でもダイオウイカがお好みなようである。

驚くべき潜水能力

　マッコウクジラは、ダイオウイカの生息する水深1000mまで約10分で潜るという。この潜水を助けているのが、全身の筋肉に含まれるミオグロビンというタンパク質である。ヘモグロビンと似た機能を持つが、より多くの酸素を蓄えることができるため、1時間息を止めて潜っても窒息することがない。また、頭の鯨蝋が潜水に役立っていると主張する研究者もいる。鯨蝋は25℃付近で固まるので、通常クジラの体温下では液体である。潜る前に鼻から海水を体内に導き、鯨蝋を冷やし固めることで比重を高め、これを重りにして潜るという。そして、上昇する際には海水を吐き出して温め、浮きにする。

　さらに、鯨蝋を通して指向性のある強力な音波を生むという説もある。この音波でダイオウイカを気絶させて捕らえているのかもしれない。詳細はまだまだ謎に包まれているが、今日も深海ではマッコウクジラがダイオウイカを捕らえていることだろう。

マッコウクジラ
Physeter macrocephalus

水面近くから潜水をするマッコウクジラ。

Ziphiidae | クジラ偶蹄目アカボウクジラ科

闇につつまれた真の潜水王者

アカボウクジラ科の仲間

分布　広く分布
水深　0 〜 3000m
主な食性

体長　数m〜十数m

　アカボウクジラ科の仲間はマッコウクジラと同様、浅い海を好まず世界中の深海に広く分布している。ほとんどの種が陸地から遠く離れた外洋域に生息していることが多いため、観察例が少なく、その生態は詳しくは分かっていない。

アカボウクジラ、深海3000mへの挑戦

　謎の多いアカボウクジラ科の仲間だが、長時間にわたって潜水を行い、深海に生息するイカや魚類などを食べていると考えられている。彼らがどの程度の深さまで潜水できるのかは詳しく知られていなかったが、研究が進み、その謎が明らかになってきた。

　2014年に発表された追跡タグを用いた調査の結果によると、アカボウクジラの潜水深度は最大で2992m、時間にして、なんと138分間であった。マッコウクジラの潜水時間が長くても90分程度であることを考えると、驚異的な潜水時間である。

　水深3000m付近まで長時間の潜水を行うには、高い圧力に耐える特殊な体の構造が必要になるが、アカボウクジラの体の構造がどのように深海への潜水に適しているかは、よく分かっていない。

» 脊索動物門／漂泳生物

Malacosteus niger ｜ ワニトカゲギス目ワニトカゲギス科 オオクチホシエソ

トラバサミ式の顎をもつ

オオクチホシエソ

[分布] 広く分布
[水深] 900～3900m
[主な食性]

[体長] 約20cm

オオクチホシエソ
Malacosteus niger

» 脊索動物門／漂泳生物

オオクチホシエソはワニトカゲギス科の仲間で、鋭い牙や発光器を持つ点などがよく似ているが、他のワニトカゲギス科の仲間と比べて生息水深が深い。

底が抜けている下顎

オオクチホシエソは、頭と同じくらい長い顎をもっている。上下の顎には鋭い牙が並び、下顎は喉とゆるい靭帯のみでつながっていて、トラバサミのように大きく開くことができる。このおかげで大きな獲物を飲み込みやすくなっているのだが、口を大きく開くと下顎は底が抜けた状態になってしまう。そこからこぼれてしまうような小さなエビや魚は眼中になく、大物狙いということだろうか。

眼の周りにある、大きさが違う2つの発光器も特徴的である。これらはそれぞれ役割が異なり、眼の真下にある発光器は赤色光を放ち青色や緑色をした魚を探し出す。もう一方の小さな丸状の発光器は、白色などの光を放ちヘッドライトのように用いるようだ。

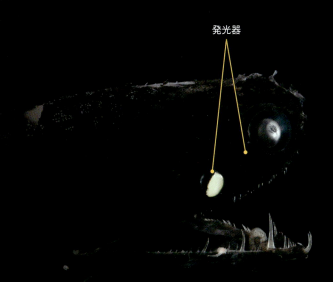

発光器

Bathysaurus ferox | ヒメ目シンカイエソ科 ミナミシンカイエソ

捕らえた獲物は逃がさない

ミナミシンカイエソ

|分布| ニュージーランド、南アフリカ
|水深| 900〜2700m
|主な食性|

|体長| 約40cm

　シンカイエソの仲間は大きいものでは体長80cmを超える。マグロなどに比べれば小さいが、深海魚としては大型である。

　シンカイエソ類は、ノロゲンゲなどのゲンゲ類などと同じく海底近くで暮らしている。身体の浮力を調整して、いつも海底の泥の上にふわっと軟着陸しているようである。泳ぎ回って獲物を捕まえるのではなく、獲物が近づくのを忍者のようにじっと待っている。

獲物に食い込む鋭い歯列

　しかし、深海では偶然獲物が近寄ってくることは滅多にない。これが省エネライフの最大の欠点であろう。チャンスが巡ってきたら、獲物を確実に仕留めねばならないが、ここで活躍するのが大きな口と多数の鋭い歯である。

　ミナミシンカイエソの口元をよく見ると、口からはみ出さんばかりに生えている歯は内側を向いている。この歯は、くわえた獲物が逃げようとすればするほど、ますます食い込む。さらに上あごの内側には、まっすぐな歯からなる歯列があり、この歯列を支える骨が可動式で、これも効果的に獲物を逃さない仕組みに一役買っている。

　シンカイエソの口からは、まさに「捕らえた獲物は逃がさない」という気概が感じられる。

ミナミシンカイエソ
Bathysaurus ferox

Alepisaurus ferox ヒメ目ミズウオ科 **ミズウオ**

好き嫌いせずになんでも食べる

ミズウオ

分布	太平洋、インド洋、大西洋など
水深	900〜1400m
主な食性	

体長 約1〜2m

　和名は、肉が水っぽく柔らかいことに由来する。
　ミズウオは、徹底的に「なんでも食べる」戦略をとっている。自分の周りに物体の存在を感知すると、それが口に入るサイズなら何でも飲み込んでしまう。獲物が消化管に詰まって死んだと考えられる個体や、共食いの例まで知られているほどである。あまりにどん欲な生き方だが、獲物の少ない深海では、この戦略が別段特別なわけではなく、それが正解なのだろう。

ミズウオの胃から深海の姿が見えてくる

　そんな貪欲なミズウオのおかげで、深海の様子が垣間見える興味深い研究結果が得られた。44尾のミズウオの胃内容物調査により、実に多くの生物を見境なく飲み込んでいることが明らかになったのである。
　ミズウオ1尾の胃からは、平均約20種の生物が見つかっている。全体でとりわけ数が多かった生物を挙げると、軟体動物ではアカイカの仲間が計31個体、節足動物ではオオタルマワシが計141個体、原索動物ではサルパの仲間が計273個体、そして魚類ではマアナゴが計160個体も見つかっている。これらの種が多く見つかるのは、ミズウオがえり好みしているというよりは、生息数が多く遭遇しやすいためだろう。
　えり好みしないミズウオの胃からはプラスチック片などの人工物も多数見つかっており、深海に多くのゴミが漂っていることを物語っている。海に捨てたゴミは決してなくならず、海の生態系に影響を与えているのである。

ミズウオ
Alepisaurus ferox

Bathypterois grallator | ヒメ目チョウチンハダカ科 **オオイトヒキイワシ**

海底に降り立った天使

オオイトヒキイワシ

分布	西部太平洋、インド洋、大西洋
水深	878～4720m
主な食性	

体長　約37cm

　流線型のスリムなボディ、これを支える３本の足。この姿から、オオイトヒキイワシは「三脚魚」という通称でも呼ばれる。足に見える部分は、１対２本の腹ビレ、そして尾ビレの一部が変化したものである。浮力のおかげで軽くなった体重を、か細い足でそっと海底に固定し、まるで海中に身体を浮かせているように見える。

オオイトヒキイワシ
Bathypterois grallator

脊索動物門／漂泳生物

ナガヅエエソ

Bathypterois guentheri

紀伊水道の水深820m地点。海底に立つナガヅエエソ。

胸ビレを広げてエサを待つ

　オオイトヒキイワシや同科のナガヅエエソは、プランクトンなどの小さな獲物が流れてくるのを、水流の方向を向いてじっと待っている。パラボラアンテナのように広げた鰭条には神経が走っているため、これが獲物を感知する触覚器として働く。

　待ちぶせが主な作戦とはいえ、彼らものんびり過ごしているばかりではない。調査船が彼らの目の前、1mくらいの距離に近づいた時には、突然ダッシュで泳ぎ、一瞬にして逃げていった。獲物だけでなく、危険もしっかりと感知できるのであろう。

Spectrunculus grandis | アシロ目アシロ科ソコボウズ

「坊主」のような白い深海魚

ソコボウズ

分布	日本近海、太平洋、大西洋
水深	800〜4500m
主な食性	

体長 約1〜2m

　体長1mを超える大型の深海魚である。深海魚としては珍しく白っぽい体色をしており、調査船から出会うと目立つ存在である。頭頂部から顎の下まで、つるんとなだらかな弧を描いた輪郭は、まさに和名の通り「坊主」のように見える。

　体の前半分は厚みがあるが、後ろ半分は細く、薄い。背ビレや臀ビレは幅が広く発達して、尾ビレと一体化している。また、1対の腹ビレは、膜がなく柔らかい条（ヒレを支えるスジ）だけになっている。

鼻と腹ビレで獲物を探す

　ソコボウズの顔を見ると、黒い目は小さいが、正面から見ると縁が膨らんだ立派な鼻孔が見える。ソコボウズは、腹ビレを下に向けて体をくねらせて、ゆっくりと海底付近を泳ぐ。発達した嗅覚と細長い腹ビレをセンサーにして、海底の獲物を探しているらしい。

　この巨体を支えている獲物は、上から落ちてくる生物の死骸や、泥の中のエビ、ゴカイなどである。大きな体を活かして広い範囲を移動し、生物の少ない深海でも、十分なだけの獲物を捕らえていると考えられている。

　ソコボウズが食物ピラミッドの上位の地位を確立できたのは、深海へ適応した全身の特徴がよく調和した結果なのである。

ソコボウズ
Spectrunculus grandis

» *Linophryne indica* ｜ アンコウ目オニアンコウ科**インドオニアンコウ**

雌がいないと生きていけない

オニアンコウ科の仲間

[分布] 太平洋、インド洋（インドオニアンコウ）
[水深] 0 〜 4000m（インドオニアンコウ）
[主な食性]

（インドオニアンコウ）
[体長] 約5cm（雌）

　チョウチンアンコウ類は多くの種で雄が小さく、雌が大きいという雌雄関係で、種によって3つの繁殖パターンがある。1つ目は、生殖の時期だけ雄が雌に取り付き、その後は離れて暮らすもの。2つ目は雌に寄生してもしなくても生きられるもの。そして、3つ目は右下のインドオニアンコウの写真のように、雌がいつまでも雄を連れるものである。

　3つ目の繁殖パターンについては、このオニアンコウ科の仲間でよく研究されている。この科の雄のいくつかの種は、幼魚のうちは浅い海で成長する。やがて、深海に潜り絶食生活に突入すると、鋭い歯で雌の身体に噛みつく。これは雌から栄養をもらうことと繁殖が目的の行動で、噛み付かれた雌は雄に血液を送り込み、栄養や酸素を差し出す。雄は雌に寄生しなければ生存できないため、「真性寄生型」とよばれる雌雄関係である。雌に取り付く雄は1体だけとは限らず、種によっては5〜6体の「雄のあと」を体につけることもある。

取り付いた雄の末路は雌の体に残るイボ

　雌に取り付いた雄の状態は「寄生」と捉えられることもあるが、雌雄同体と考える研究者もいる。雌に寄生した雄の身体の断面図を見ると、呼吸器はなく、脳や消化器官は退化し、反対に精巣が肥大化している。さらに驚くべきことに、種によっては、生殖を終えた雄は雌に完全に吸収されてイボのような形で体に残るのみ……。この状態で雄に「自分」という意識があるのか、定かではない。

オニアンコウ科の一種

Linophryne sp.

北大西洋中央海嶺で撮影された個体。

インドオニアンコウ

Linophryne indica

インドオニアンコウの雌と寄生オス。

寄生オス

ユウレイオニアンコウ

Haplophryne mollis

皮膚に色素がなく、体が透けている。和名は近年つけられたもの。

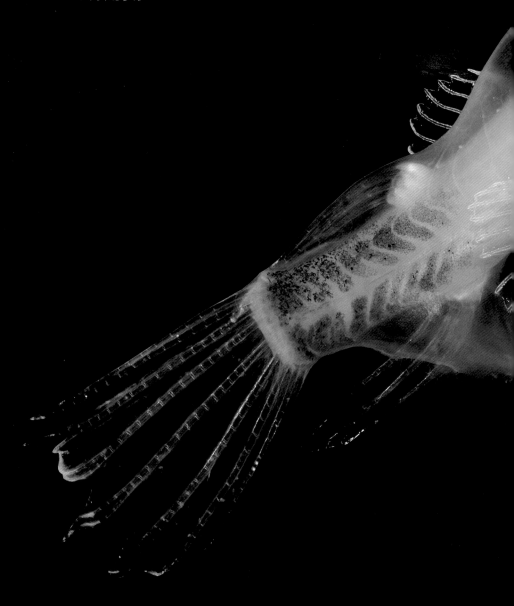

Caulophryne jordani | アンコウ目ヒレナガチョウチンアンコウ科

まさに「毛だらけの釣り人」

ヒレナガチョウチンアンコウ科の一種

- 分布　太平洋、大西洋、インド洋
- 水深　700〜3000m
- 主な食性

体長　約25cm（雌）

　まるでハリネズミのような姿である。ヒレは棘のように長い鰭条だけになり、四方に散らばっている。これら一本一本の先に側線器が発達し、敏感な水圧センサーとなっているため、水中を受動的に漂いながら周囲の変化を伺うことができる。同様に待機の戦法をとって狩りを行うオオヒトヒキイワシなどの魚も、長く伸びたヒレをアンテナにして、周囲の情報を集めているといわれる。

　頭部にはイリシウムを持ち、先端には糸状の組織が見られるが、発光機能はない。英名は Hairy angler（毛だらけの釣り人）で、イリシウムを振って水流を作り出して、巧みに獲物を誘うと考えられる。

　体は、腹部が下に大きく飛び出している。待ち伏せで獲物を丸飲みにする狩りのスタイルなので、胃が大きくできているのだろう。上向きの口の中には、内側に傾いた鋭い歯がある。

雌に寄生するかしないかは自由

　この魚もやはり雌が雄より大きく、発見された雌の個体は大抵 2cm 程度の雄を体に寄生させている。雄はひとたび雌に嚙みつくと、口から雌の組織と融合し、血管を通して養われながら生殖に貢献する。

　しかし、この魚の雄はオニアンコウなどと比べると自由度が高い。雌に寄生しなくても細々と生きていける消化力、呼吸能力が最後まであり、このような雌雄関係を「任意寄生型」と呼ぶ。雄は雌に寄生せず、自らのアイデンティティーを全うする道を選ぶこともできる。

ヒレナガチョウチンアンコウ科の一種
Caulophryne jordani

学名にちなみ、ジョルダンヒレナガチョウチンアンコウと呼ばれることもある。

Melanocetus johnsonii | アンコウ目クロアンコウ科ペリカンアンコウ

取り付いて離れて ── 孤独なペリカン

ペリカンアンコウ

[分布] 広く分布
[水深] 100〜4475 m
[主な食性]

[体長] 約9cm（雌）

　ペリカンアンコウは、雌の体長9cm程度、雄の体長3cm程度と小さな魚で、口を閉じているときはほぼ球形に近いまるまるとした体形をしている。

　ペリカンアンコウは、口が大きく、胃と腹部が非常に大きく膨らむ。実際に自分の3倍近い体長の獲物を飲み込んだ例もある。下顎の長さは体長の半分以上あり、前に突き出している。

　身体のサイズに比して大きい牙状の歯にも特徴が見られる。その特徴とは、歯が後ろ向きにかぎ爪のように曲がっているというもの。シンカイエソなど、いくつかの深海魚に特有の、噛みついた獲物を逃がさないための仕組みである。

雌に取り付いて、その後はまたひとりに

　オニアンコウ科（p182）やヒレナガチョウチンアンコウ科（p186）などで紹介した、チョウチンアンコウ類独特の雄雌関係は、ペリカンアンコウを含むクロアンコウ科の仲間にも共通する。ただし、一度取り付いた雄が、雌に完全に寄生する状態となる前者たちと異なり、クロアンコウ科の仲間は「一時付着型」とよばれる雌雄関係をもつ。

　一時付着型は文字通り、繁殖時のみ一時的に雄が付着し、その後は離れて過ごすという関係である。付着した雄は、雌の組織と結合することはなく、繁殖期が過ぎるとサヨナラをするという。

クロアンコウ

Melanocetus murrayi

■■■ 1000〜5000m

クロアンコウ科クロアンコウ。体は小さく、球形。約4.2cm。

ペリカンアンコウ

Melanocetus johnsonii

口を大きく開けたペリカンアンコウの雌。

» *Thaumatichthys binghami* ｜ アンコウ目サウマティクチス科

口から突き出る発光器

サウマティクチス科の一種

[分布] 大西洋
[水深] 1100〜3200m
[主な食性]

[体長] 最大30cm

サウマティクチス科の一種
Thaumatichthys binghami

» 脊索動物門／漂泳生物

チョウチンアンコウ類は竿のように伸びたイリシウムという器官を持ち、その先端の膨らみが発光器となっている。

ほとんどの種ではイリシウムは頭部前方に位置しているが、サウマティクチス科の仲間は驚くべき場所にイリシウムを持つ。なんと、大きく突出した口の上顎からイリシウムがぶら下がっているのである。これを暗闇で発光させて獲物をおびき寄せ、獲物が近付いてくると疑似餌をより内側へ折り曲げ、口の中まで誘い込む。

ばね仕掛けの口で獲物を閉じ込める

この魚は、獲物を捕らえる方法も変わっている。まず靭帯を引っ張って口を大きく開く。近付いてきた獲物が口に触れると、その刺激を受けてばね仕掛けのように口が閉じ、獲物を閉じ込める仕組みである。上顎の湾曲した長い歯と下顎に並んだ鋭い歯で、しっかりとホールドして逃がさない。このような捕食行動は、深海に住むクラゲイソギンチャク(p160)の仲間でも見られる。

Cetomimidae | カンムリキンメダイ目クジラウオ科

デコボコの孔には意味がある

クジラウオ科の仲間

|分布| 広く分布
|水深| 数千～3500m（イレズミクジラウオ）
|主な食性|

（イレズミクジラウオ）

|全長| 約12cm

　クジラウオ科の仲間は、頭部や体側の側線器官が著しく発達しているのが特徴である。この側線は魚類やカエル（幼生）などの水生生物に特有の器官で、水の流れや音、圧力などを感じ取る。魚類の多くは、体側の頭から尾に向かって細い管状の側線が走っており、鱗や体表に点状に開孔部が並んでいる。この孔を通して外部と連絡し、管の中にある感覚器官で水中の変化を感じ取る。
　クジラウオの仲間は側線器官が大きく発達したあまり、体表にも大きな孔が開いてデコボコになってしまっている。この器官を活かして周囲の変化を素早く感じ取り、わずかな獲物の気配も見逃さずに捕らえているのだろう。

» 脊索動物門／漂泳生物

幻のクジラウオとは？

　クジラウオ科の仲間には、ホソミクジラウオやイレズミクジラウオなどがおり、いくつかの種は日本近海に生息していることが知られているが、採取される個体が少なく、詳しい情報は少ない。その珍しさからか、マボロシクジラウオという名の種もいるほどである。

　しかし、驚くことにその幻の魚マボロシクジラウオが、2010年に日本の宮城県沖で発見されている。これは当時世界で5個体目という採取例だった。クジラウオ科と、その近縁のいくつかの科は、種ごとの成長過程が分かっておらず、分類に多くの謎がある。こうした発見は、新たな事実の解明に大きく寄与することであろう。

クジラウオ科の一種
Cetomimidae

Anoplogaster cornuta | キンメダイ目オニキンメ科 **オニキンメ**

開いた口が塞がらない「鬼の牙」

オニキンメ

分布　太平洋、インド洋、大西洋など
水深　600〜5000m

主な食性　小型生物を捕食

体長　約15cm

　オニと名に付くような恐ろしい顔つきだが、顔に似合わず体の小さい深海魚である。
　オニキンメの特徴である大きな口についた牙状の歯は、他の歯と比べてとりわけ長い「犬歯」で、上顎に6本、下顎に8本生えている。犬歯はお互い前後左右にずれているので口を閉じても重ならないが、前歯にあたる部分の4本の歯が長すぎるため、口を完全に閉じることはできない。そのため、オニキンメは常に口を少し開けて、鋭い牙を見せながら泳ぐ。

側線で獲物を察知する

　オニキンメは、泳ぎ回って狩りをする魚ではない。海中をゆっくりと漂いながら待ち構え、獲物が口の近くまで来ると、一瞬にして捕らえる。この戦法の決め手は、獲物が近くに来たとき、いかにすばやく察知するかにかかっている。これを助けているのが、水圧の変化を感じる側線である。
　オニキンメの体には、溝状に発達した側線が走っていて、この感覚器で、獲物の動きを敏感にキャッチする。
　オニキンメの泳ぎ方は、水平な胸ビレを上下に振る、ヨチヨチとした動きで、泳ぐスピードはあまり速くない。鬼のような見た目とはアンバランスなかわいい泳ぎ方を見ていると、強面も少し和らいで見えた。

» 脊索動物門／漂泳生物

オニキンメ

Anoplogaster cornuta

Psychrolutes phrictus | カサゴ目ウラナイカジカ科 **ニュウドウカジカ**

坊主頭の深海魚

ニュウドウカジカ

[分布] オホーツク海、北太平洋など
[水深] 800〜2800m
[主な食性] 小型生物を捕食

[体長] 約60cm

　ウラナイカジカ科に属する魚はどれも丸い頭と細い尾を持ち、オタマジャクシのような体型をしている。ニュウドウカジカはその中で最も深い場所で暮らす、大型種として知られている。大きくて丸い頭に短い皮弁が一面に付いており、まるで無精髭の生えた入道（＝丸坊主）のように見えることから、この和名が付いたらしい。

　ニュウドウカジカは、ほぼ海底から離れずに生活する底生魚である。泳ぎ回るエネルギーを消費せず、海底でひたすら獲物を待つ作戦をとっている。深海で撮影された映像を見ても、そのほとんどが、動かずに静止している。

ニュウドウカジカ
Psychrolutes phrictus

» 脊索動物門／漂泳生物

柔らかすぎて、陸ではぺちゃんこ

　さらなる省エネ対策として、ニュウドウカジカは体の筋肉を減らし、代謝量を低く保っている。このおかげで、食べ物が少なくとも長期間耐えることができる。また、多くの深海生物に共通する省エネの仕組みだが、体には筋肉の代わりに多量の水分が含まれており、体の密度を海水に近づけて浮力を調整している。

　体も皮膚も非常に柔らかく、表面に鱗も持たないため、低温高圧の深海から陸上に上げるとゼリーのようにつぶれて形が崩れる。陸に上げたニュウドウカジカは、頭の前方の盛り上がった部分が垂れ下がって鼻のように見えて、どこか人間らしい、とぼけた顔になってしまう。

Magnapinnidae ｜ ツツイカ目ミズヒキイカ科

長すぎる腕を持つ謎のイカ

ミズヒキイカ科の仲間

[分布] 中央太平洋、インド洋
[水深] 1940〜4735m
[主な食性]

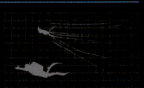

[外套長] 約60cm

　とにかく細長い腕と、丸く大きいヒレが特徴的なイカである。外套膜の長さは数十cm程度なのに、腕を含めると全長約7mの個体も見つかっている。なんと腕が外套膜の10倍以上も長いのだ。成体は画像や映像が記録されているだけで、採集された標本がないため、詳しい生態はまったくの謎に包まれている。

　深海で撮影された映像には、ミズヒキイカの糸状の腕が無人探査機に張りつき、なかなか離れない様子が捉えられている。普段はこの糸状の腕で海中の獲物を吸着させているのではないかと想像できる。しかし、これほど細い腕にどのように吸盤が付いているのかなど、細かい観察はされていない。

子供時代は腕が短い？

　ミズヒキイカの仲間と思われる種の若い個体は、比較的浅いところでいくつか採集されている。体はわずか数cm程度と小さいものの、ヒレはすでに外套よりも大きく成長している。腕は非常に短いが、いくつかの特徴から、これらはミズヒキイカ科の仲間の若い個体なのではないかと考えられている。

» 軟体動物門／漂泳生物

ミズヒキイカ科の一種
Magnapinna atlantica
北大西洋で採集された個体。ミズヒキイカ科の仲間の若い個体と考えられている。

ミズヒキイカ
Magnapinna pacifica
ハワイのオアフ島近くで撮影された大型の個体。

» *Teuthowenia pellucida* ｜ ツツイカ目サメハダホウズキイカ科 **ウスギヌホウズキイカ**

忍者のように姿を隠す

ウスギヌホウズキイカ

|分布| 南極海
|水深| 1600〜2500m
|主な食性|

|外套長| 約20cm

　細長い外套膜と細長いヒレを持つ、スリムな印象のウスギヌホウズキイカ。体は透き通ってほぼ透明である。この写真はまだ若い個体で、眼に柄がついているが、成体になると眼は非常に大きくなり、その周りには半月形とC字形の発光器がとりまくようになる。いくつかのイカに共通する作戦だが、これを発光させて眼や内蔵の影を消し、下方の敵に姿を悟られにくくしているのである。

　ウスギヌホウズキイカの成体は水深1600〜2500ｍの深海で採集されているが、写真のような幼若体はせいぜい水深900ｍまでの海域に生息する。

敵が迫ると、球体に変身

　ウスギヌホウズキイカを含む同科のイカは、身に危険が迫ると驚くべき対策を取ることがある。普段は細長い体型だが、危険を感じると体内に海水を取り込んでパンパンに膨らみ、球体へと変身するという。その上、頭と腕を内側に収納してしまう種もいる。こうして姿を変え、敵の眼を欺いている。

　さらに体の存在を隠すためのとどめの技が、なんと膨らんだ体の中に墨を吐き、真っ黒いボールになってしまうことだ。暗闇の深海で、その姿は完全に見えなくなる。実に見事な変わり身の術である。

» 軟体動物門／漂泳生物

ウスギヌホウズキイカ
Teuthowenia pellucida

Mesonychoteuthis hamiltoni | ツツイカ目サメハダホウズキイカ科ダイオウホウズキイカ

鉤爪を持つ巨大イカ

ダイオウホウズキイカ

分布　南極海
水深　約2000m
主な食性

外套長　約2.5m

　イカ類の中で最大と言われているのは、触腕を含めて全長18mにもなるダイオウイカ (p14) である。しかし、これに負けず劣らず大きなイカがいる。ダイオウホウズキイカである。

　この生物が最初に発見されたのは、マッコウクジラの胃の中からだった。約1mの長い腕に、直径2.5cmにもなる大きな吸盤が並び、さらに吸盤の中にはフックのような鉤爪に変形しているものがある。獲物に出会ったらこの鋭い鉤爪でガッチリと捕らえて捕食するのだろう。天敵のマッコウクジラに襲われたときも、この鉤爪で抵抗しているに違いない。

≫ 軟体動物門／漂泳生物

巨体のわりに、小食すぎるのんびり屋？

　そんなダイオウホウズキイカだが、意外なことに積極的に泳いで獲物を狩るタイプではないらしい。ポルトガルのリスボン大学の研究によれば、このイカの体は食べたものをエネルギーに変換するのに時間がかかり、あまり多くの獲物を食べる必要がないという。どちらかといえば、深海を受動的に漂うだけの省エネ生活を送っていると考えられている。

　同研究によると、体重500kgの個体でも、体重5kgの魚を1匹食べただけで200日間も生きられると推測されている。このイカが必要とするエネルギー量は、同じ南極海に生息するクジラの1/300〜1/600だという。

　直径30cmほどの大きな眼も、獲物を狩るためというよりは、クジラやオンデンザメなどの天敵から逃れるために役立っていると考えられている。巨体のわりにはおっとりとした暮らしぶりで深海を生き延びているのであろう。

ダイオウホウズキイカ
Mesonychoteuthis hamiltoni

Vampyroteuthis infernalis ｜ コウモリダコ目コウモリダコ科 コウモリダコ

敵の目を巧みに欺く「吸血鬼イカ」

コウモリダコ

[分布] 世界中の温・熱帯域
[水深] 1000～2000m
[主な食性]

[全長] 約15cm

　和名にはタコとつくが、英名はvampire squid（吸血鬼イカ）である。コウモリダコは、分類学上イカやタコとは独立した生物で、現生のタコの祖先に近いことが遺伝子の研究からわかっており、「生きている化石」とも呼ばれている。

　コウモリダコの腕は10本あり、そのうち2本は糸状の触手で、とても長い。普段は触手をコイル状に巻いて縮めているが、伸ばしたときの長さは体長の8倍にもなる。触手の神経はよく発達しており、獲物を探ったり、敵の気配を察知したりするのに使われると考えられている。

　主な獲物はマリンスノーで、積極的に狩りをする頭足類の中では珍しく平和的な食事法である。触手の先端にある吸盤からは粘液が分泌され、マリンスノー粒子をまとめて大きいボールにする役目があるらしい。そのボールを、吸盤列に沿って並ぶ多数の触毛で口に運ぶ。

黒いボールになって目くらまし

　コウモリダコの最大の特徴は、敵に対する防御の姿勢だろう。危険を感じると、スカートのような傘膜を腕ごとすっかり裏返して、身体全体を包み込んで丸くなる。一瞬にして黒いボールになってしまう衝撃的な変化に、敵は戸惑うことだろう。さらに、ヒレの根元に1対ある発光器の光量を巧みに調整し、光をフェードアウトさせて、まるで遠のいてしまったかのように敵を錯覚させるのだという。

コウモリダコ

Vampyroteuthis infernalis

防御態勢をとる
コウモリダコ。

細長い触手を伸ばす
コウモリダコ。

Cirrothauma murrayi タコ目ヒゲナガダコ科 ヒゲナガダコ

視力を持たない唯一の頭足類

ヒゲナガダコ

分布　広く分布
水深　2502〜4209m

主な食性　不明

外套長　約20cm

　体がクラゲのように寒天質な、半透明のタコである。耳のような大きなヒレを持ち、その幅は外套の長さとほぼ同じくらいになる。腕と腕の間は長い傘膜でつながっており、その姿はまさに丸みのある傘のようだ。腕の中央には、樽のような形の約40〜60個の吸盤が1列に並び、その両脇に長い触毛が並んでいる。

　このタコが変わっているのは、眼が退化して水晶体を失ってしまっている点だ。頭足類の中で、そんな生物はヒゲナガダコだけである。一般的にタコやイカの仲間は視力が優れたものが多いが、ヒゲナガダコの眼球は頭部に完全に埋もれており、見る能力はまったくないが、網膜は残っているので、光の明暗だけは敏感に感じ取るようである。

見えないかわりに、触角が敏感

　視覚の情報に頼れない分、触覚が非常に敏感であるらしい。腕の触毛で周囲の状況を知り、外敵や獲物を探すのであろう。また、ヒゲナガダコの体に機械が触れた瞬間、腕を丸く曲げて傘膜を風船のように膨らませたという報告がある。敵の存在を敏感に察知すると、こうして体を膨らませて威嚇するのかもしれない。

　ヒゲナガダコは、海底近くをゆっくりと遊泳していることが多いが、遊泳をせず海底で腕を広げて獲物を探す姿も観察されている。泳ぐときにはいったん腕を閉じて、水を強く噴射しながら、ヒレをオールのように使って一気に跳び上がる。視力がなくとも、深海を自由に動き回っているようである。

» 軟体動物門／漂泳生物

ヒゲナガダコ

Cirrothauma murrayi

Stauroteuthis syrtensis | タコ目メンダコ科ヒカリジュウモンジダコ

発光器官をもつ光るタコ

ヒカリジュウモンジダコ

[分布] 大西洋
[水深] 500〜4000m
[主な食性]

[全長] 約50cm

　ヒカリジュウモンジダコはジュウモンジダコ（p98）と近い種だが、名前に「ヒカリ」とある通り、光を放つことができる。

　このタコは、タコの仲間としては唯一、発光器官をもっている。これを使って仲間とコミュニケーションをとったり、獲物をおびきよせたりしていると考えられている。

光るのは腕に並んだ吸盤

　ヒカリジュウモンジダコが海中で腕を広げている姿が観察されている。腕に1列に並んだ吸盤を光らせ、カイアシ類などをおびき寄せるのだ。そして、口の付近から粘液を出して、発光器に誘われてきた獲物を捕食するらしい。

　1998年に科学雑誌『Nature』に掲載された記事によると、ヒカリジュウモンジダコに刺激を与えると、青緑色の控えめな光を発するそうだ。この発光は5分間続くこともあり、個々の吸盤の光はだんだん薄暗くなったり、そのままの輝きを保ちながら1〜2秒ごとに点滅をしたりする。

　この吸盤はほかのタコとは異なり、粘着力はない。ほかのタコは吸盤に発達した筋肉をもつが、このタコの吸盤は筋肉がとても少ないという。

ヒカリジュウモンジダコ

Stauroteuthis syrtensis

光る吸盤と、細長い触毛が見える。

深海コラム　DEEP SEA Column

有人潜水調査船と無人探査機

世界最高峰の実績を誇る有人潜水調査船
「しんかい6500」

深度6500mまで潜水できる、世界有数の有人潜水調査船。世界中で1400回以上の潜航を重ねてきた。船体が完成したのは1989年だが、2013年には船尾の主推進装置を2基に改造するなど、性能を向上させて現役で活躍している。

3つの覗き窓から深海の様子を直接観察できるほか、カメラで静止画や動画を撮影したり、前方のマニピュレータで生物や岩石を採取したりすることも可能。

［全長］9.5m
［空中重量］26.7t
［最大潜航深度］6500m
［最大速力］2.5ノット（約4.6km/h）

深海を無人で調査する探査機
「かいこう7000Ⅱ」

潜航深度11000mのランチャー（上部）と、7000mまで潜航可能なビークル（下部）の2つの機体からなる無人探査機。目的深度まで潜ると下のビークルを分離させて調査を行う。複数のカメラとマニピュレータを搭載しており、母船「かいれい」から遠隔操作を行う。初代「かいこう」は11000m級の探査機であったが、2003年にビークルを亡失。後に7000m級の無人探査機を改造し、ビークルとして一体化した。

ランチャー：
［全長］5.2m
［空中重量］5.8t
［最大潜航深度］11000m
［曳航速度］1.5ノット以下

ビークル：
［全長］3.0m
［空中重量］3.9t
［最大潜航深度］7000m

第3章

Abyssopelagic zone, Hadopelagic zone

Abyssal, Hadal

深層・超深層
3000m〜

＋

深海底帯・超深海底帯
2000m〜

» Saccopharyngiformes | フウセンウナギ目

胃を大きく膨らませる深海ウナギたち

フウセンウナギ目の仲間

|分布| 広く分布
|水深| 500〜7800m（フクロウナギ）
|主な食性|

（フウセンウナギ）
|体長| どちらも約2m

　フウセンウナギ目に属する、フウセンウナギとフクロウナギ。「袋」と「風船」では形も似ている。どちらも私たちが普段食するウナギの仲間である。また、どちらも大きな顎を持ち、胴体の後ろ側は紐のように細くなっている。では、フウセンウナギとフクロウナギはどこが違うのか？　答えは食性にある。

大食いか少食家か

　フウセンウナギは大食いな生き物である。大きな口と胃を持ち、獲物を丸呑みにする。時には自分の体の縦幅より大きな獲物を胃におさめたという報告もある。その姿がまるで膨らんだ風船のように見えるため、この名前が付いたのであろう。

　一方のフクロウナギは大口を開き、大量の海水を口に含んで閉じる。あまり効率はよくないが、海水中にはプランクトンやエビ、運が良ければ小型のイカやタコ、魚なども入ってくるだろう。袋状の頬をゆっくり萎めて海水のみを抜き、これらの小さな獲物を食べるという、つつましい食生活を送っている。

　また、獲物の引き寄せ方も多少異なる。積極的に狩りに出るフウセンウナギは、尾の先の発光器を使う。チョウチンアンコウ類の発光器のように、その光は多くの生物にとって魅力的なのかもしれない。フクロウナギも同様に尾の先に発光器を持つのだが、こちらは獲物を引き寄せるために用いるかどうかは、わかっていない。フウセンとフクロ、似ているようで違うのである。

フウセンウナギ
Saccopharynx lavenbergi

胃に何かをおさめた状態のフウセンウナギ。

フクロウナギ
Eurypharynx pelecanoides

顎の骨の長さは、頭蓋骨の長さの7〜10倍もある。

Coryphaenoides armatus | タラ目ソコダラ科ヨロイダラ

堂々たる姿の深海層の王者

ヨロイダラ

分布　太平洋など
水深　2000～4300m
主な食性　不明

体長　約70cm

　ヨロイダラはソコダラ科に属する魚で、水深およそ2000～4300mに生息する。ソコダラ科には多くの種がいるが、最も深いところで見つかった記録は、シンカイヨロイダラの6450mである。
　ヨロイダラとシンカイヨロイダラは、どちらも全長70cm以上という記録を持つ巨大魚で、この水深の生物としてはかなり大きい。捕食者として食物連鎖の頂点近くに位置していることは想像に難くない。海底の近くをゆっくりと泳ぎながら獲物を探し、丈夫な顎で捕らえているのであろう。

調査船の周りをパトロール

　深海に調査船が訪問してきたとき、自ら近付いてくるような好奇心がある生物はなかなかいない。しかし、ある潜水調査の際、ソコダラ科の仲間が5～6尾、調査船の周りに集まってきたことがある。この水深では生態系の頂点に立っているという余裕であろうか。調査船の窓から出会う彼らは、まるで深海層の王者のような威厳を備えている。
　ソコダラ科の仲間の体は、後方に向かってだんだん細くなり、最後には紐のようにすぼまっている。これは世界に広く分布するソコダラ科の仲間に共通して見られる特徴だが、このような体型をラットテイルと呼ぶ。細い尾は確かにネズミの尻尾のようで、言い得て妙である。世界中の深海層にネズミの尻尾が揺れていると思うと、何とも微笑ましい光景ではないだろうか。

ヨロイダラ
Coryphaenoides armatus

ソコダラ科の一種
Coryphaenoides rupestris

ソコダラ科の一種
Coryphaenoides guentheri

ソコダラ科の一種
Coryphaenoides mediterraneus

Pseudoliparis belyaevi カサゴ目クサウオ科 **チヒロクサウオ**

超深海で泳ぎ回る魚

チヒロクサウオ

[分布] 日本海溝
[水深] 6156〜7703m
[主な食性]

[全長] 約11cm

　水深6000m以深の深海は超高圧の世界で、水温も2.0〜1.1℃程度の低温であり、食物もほとんどない極限環境である。そのため魚類の生息密度は非常に低く、魚の活動も鈍いだろうと考えられてきた。

　地球上で採集された魚のうち、最も深い記録は、プエルトリコ海溝の水深8370mで採集されたヨミノアシロである。ただし標本以外の生きた姿が観察されたことはなかったため、この水深に本当に魚が生息しているという確証はなかった。

　しかし2008年、日本の研究グループによって、ついに日本海溝の水深7703mで多数の魚が泳ぐ姿が撮影された。それがこのチヒロクサウオである。17尾のチヒロクサウオは、用意されたエサに群がり活発に動き回っていた。

魚類の最深記録を持つヨミノアシロ

　最も深いところから採集されている魚であるヨミノアシロは、最大で体長16.5cmの個体が知られている。形はチヒロクサウオと似ているが、アシロ目という別のグループに属している。プエルトリコ沖の他、日本海溝や東インド洋、カリブ海など世界各地で発見されている。

　これらの魚の生態はまだ明らかになっていない部分が多いが、その体には超深海に適応するための秘密が隠されているのであろう。

チヒロクサウオ

Pseudoliparis belyaevi

水深 7703m で撮影されたチヒロクサウオ。

Hirondellea gigas | 端脚目フトヒゲソコエビ科カイコウオオソコエビ

世界の最深部で生きるための秘訣

カイコウオオソコエビ

分布　マリアナ海溝、日本海溝など
水深　6000～10920m
主な食性　木くず、枯葉など

体長　約4cm

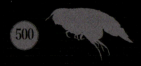

　地球上で一番深い海の底、マリアナ海溝のチャレンジャー海淵。水深約10900m、水圧は約1100気圧にも達する。そんな過酷な場所でも、大量の生物が発見されている。それがカイコウオオソコエビである。
　この生物は、水深6000m以深の超深海底帯にのみ生息している。太陽光とは無縁の世界に暮らしているため、眼は持たない。高い水圧への適応の仕組みや、地球上で最も食料に乏しい環境で生き抜く工夫など、発見されて以来数多くの謎を我々に投げかけてきた。

世界でただひとつの酵素を持つ

　海洋の表層で植物が作り出す有機物はマリンスノーとなって深海に運ばれるが、海溝に到達する頃にはわずかな量しか残らない。
　そこで、カイコウオオソコエビは驚くべき戦略を編み出した。植物の骨格を支えるセルロースという物質から、生物のエネルギー源となるグルコースを直接作り出す酵素を身につけたのだ。このように単独でセルロースをグルコースへ分解できる酵素は、世界中で他のどの生物からも見つかっていない。カイコウオオソコエビはこの酵素を利用して、動物性の食料が見つかるまでの間、海底に落ちてきた流木や枯葉から養分を得ている。
　この酵素は、グルコースを原料とするバイオエタノールの生産など、産業への応用も期待されている。遥か遠い海の底に暮らすカイコウオオソコエビが、我々の未来の生活を救うのかもしれない。

» 節足動物門／底生生物

カイコウオオソコエビ
Hirondellea gigas

端脚目の一種
Eurythenes gryllus
端脚目の一種。同種に白い体色の個体もいる。

端脚目の一種
Alicella gigantea
端脚目の一種。大人の手のひらを超えるほどの大きさのものもいる。

» Psychropotes ｜ 板足目エボシナマコ科エボシナマコ属

カラフルな烏帽子をかぶったナマコ

エボシナマコ属の仲間

[分布] 広く分布
[水深] 2210～6400m（エボシナマコ）
[主な食性] 海底の有機物

（エボシナマコ）
[体長] 約25cm

　エボシナマコ属の仲間は、名前の通り「烏帽子」のような円錐形の突起を背負っている。体色は、個体（もしくは種）によってバリエーションがあり、淡い黄色から暗い紫色まで観察されている。突起の大きさも、体長と同じくらいの長さの立派なものや、数cm程度の短いものなど様々あるが、この突起にどのような役割があるのかは、まだ明らかになっていない。

ウサギのような二股の突起

　エボシナマコ属のエボシナマコは体長約25cmで、2210～6400mと広い深度におよんで生息している。この水深にしては大型のナマコで、腹側には大型の管足が並んでいる。

　同属の仲間には、フタマタエボシナマコという種がおり、こちらは水深4000～5000mでのみ発見されている。体は紫色で、背中の突起は円錐よりもむしろ逆三角形の平板に近く、「フタマタ」という名前の通り、先端が二股に分かれているのが特徴である。烏帽子というよりはどこかウサギの耳を連想させ、なんとも可愛らしい。

エボシナマコ
Psychropotes longicauda

日本海溝の水深6374m地点で撮影された個体。

» 棘皮動物門／底生生物

ハワイ諸島沖の水深4002m地点で撮影された個体。

エボシナマコ属の一種
Psychropotes sp.1

南海トラフの水深4018m地点で撮影された個体。上の種に近似と思われる。

エボシナマコ属の一種
Psychropotes sp.2

Elpidiidae | 板足目クマナマコ科

超深海底帯にも生息するナマコ

クマナマコ科の仲間

分布　広く分布
水深　545〜6720m（センジュナマコ）
主な食性　海底の有機物

（センジュナマコ）
体長　約7〜8cm

　ナマコ類には実に多くの種がいるが、クマナマコ科に含まれる種は、深海の深部に生息するものが多い。
　センジュナマコやホタテナマコなどの種は6000mより深い場所で発見された記録があり、キャラウシナマコは、ケルマディック海溝の水深2640〜8210mで見つかった記録がある。これらのナマコは、深海底帯のみならず超深海底帯にも生息しているのである。

背側に謎の突起をもつ

　クマナマコ科の多くは、細長く透明な寒天状の体をしており、口の周りには海底の泥を集めるための複数の触手をもつ。背側には数本の疣足をもち、これには種によっていくつかバリエーションがある。体の前部にある二本の疣足が牛の角のように見えるウシナマコや、体の前部に糸状に伸びた疣足をもつホタテナマコなど、特徴的な疣足をもつ種が多い。彼らの主食は多くのナマコと同様に海底の有機物であるから、この疣足をセンサーのように使い、海底の様子を探り、有機物が豊富な泥を探しているのかもしれない。

キャラウシナマコ
Peniagone azorica
2640〜8210m

ホタテナマコ
Peniagone monactinica
1645〜6699m

» 棘皮動物門／底生生物

センジュナマコ
Scotoplanes globosa

背側に 3 対の疣足を持つが、最後方の 1 対は退化的なためほとんど見えない。

ウカレウシナマコ
Peniagone dubia

1500 〜 2850m

クマナマコ科の一種。海底からジャンプをするように遊泳する姿が見られる。

クマナマコ科の仲間

Elpidiidae

クマナマコ科の仲間は、体長数cmほどの個体が多い。ナマコの種を同定するときは、筋肉内に含まれる骨片を顕微鏡で見る。姿だけでは、正確な同定は出来ない。

Peniagone sp.

北大西洋中央海嶺の水深2600mで見つかった個体。

Peniagone diaphana

北大西洋中央海嶺の水深2500mで見つかった個体。

Amperima sp.
北大西洋中央海嶺の水深2500mで見つかった個体。

Peniagone porcella
北大西洋中央海嶺の水深2500mで見つかった個体。

Enypniastes eximia | 板足目クラゲナマコ科ユメナマコ

泳ぎが得意な変わったナマコ

ユメナマコ

分布　太平洋
水深　300〜6000m
主な食性　海底の有機物

体長　約20cm

　ナマコ類の多くは主に海底を這って生活している。泥を食べ、その中に含まれる小さな生物や有機物を消化し、残った無機物成分をきれいな泥として排泄する。海の掃除屋の一員である。
　このユメナマコも、他のナマコと同様に海底を這っていることもあるが、それだけではない。深海で撮影されたユメナマコの映像のほとんどは、なんと泳いでいる姿なのだ。有人調査船の窓からも、海底から10mほど上の海中に浮かび、泳いでいるユメナマコがしばしば観察されている。

帆を広げて海中を舞う

　ナマコの仲間は、管足が変化した疣足という器官を持つ。ユメナマコの体の前方には12〜14本の長い疣足があり、その間に水かきのような膜が発達して、まるで帆のようになっている。体の後方にも同様に、膜で繋がった疣足を持つ。
　泳ぐ時には、前方の帆を勢いよく振って海底から飛び上がる。そして後方のヒダや口周辺の触手も一緒に波打たせながら、遊泳する。その姿はまるで海中を華麗に舞っているかのようである。下降する時は、帆をパラシュートのように広げてゆっくりと海底に降り立つ。
　ユメナマコは生涯の9割もの時間を泳いで過ごしていると言われるが、食事の際は主に海底で堆積物を食べている。優雅に見える遊泳は、有機物が豊富な場所を探すための行動なのかもしれない。

» 棘皮動物門／底生生物

ユメナマコ
Enypniastes eximia
透けた体をよく見ると、腸の中に泥があるのがよく分かる。

Actinostolidae　イソギンチャク目セトモノイソギンチャク科

陶器のようにザラザラの体

セトモノイソギンチャク科の仲間

分布　広く分布
水深　種によって様々
主な食性　不明

口盤径　約5〜8cm

　イソギンチャク類は浅海から深海まで幅広く生息している。浅海の種は実に多様なのに対し、深海で発見される種のほとんどは、このセトモノイソギンチャク科に属する仲間だ。「セトモノ」の和名は、体表面が不透明で表面に小さな凸凹があり、ザラザラした陶器に似ているところから付いたのではないかと思われる。

　イソギンチャクの生息地は深海底に広がるが、種によっては熱水域や湧水域にも高密に群れていることが知られている。生息深度も幅広いが、この科の最深記録は3760mで、南海トラフの湧水域に大量の二枚貝と共に生息していた。調査船から撮影された映像を見ると、このイソギンチャクはなんと二枚貝の殻に固着しているらしい。岩石などのない環境では、大きい二枚貝の殻は固着に好都合なのだろう。

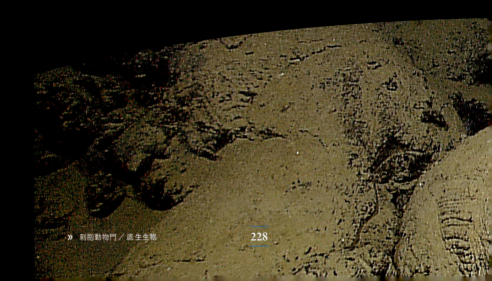

» 刺胞動物門／底生生物

セトモノイソギンチャク科の一種
Actinostolidae sp.2

深海に進出した、数少ないイソギンチャク

　深海に暮らすイソギンチャクは、この科のほかにクラゲイソギンチャク科とワタゾコイソギンチャク科が知られ、クビカザリイソギンチャク科にも深海産がわずかに含まれる。イソギンチャク目には40以上の科が含まれるが、そのうち深海進出を果たしたのはわずかに8科。深海への適応は、やはり容易ではない。

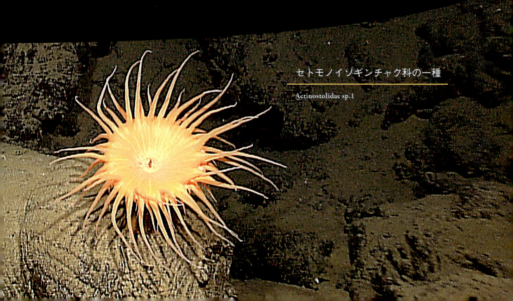

セトモノイソギンチャク科の一種
Actinostolidae sp.1

Moritella yayanosii アルテロモナス目モリテラ科モリテラ・ヤヤノシアイ
Shewanella benthica アルテロモナス目シュワネラ科シュワネラ・ベンティカ

世界で一番深い場所に生きる生物の正体

超深海微生物

| 分布 | マリアナ海溝（発見場所）
| 水深 | 10950m（発見場所）
| 主な食性 | 有機物

| 体長 | 約2μm

　世界中の海で一番深い場所、マリアナ海溝チャレンジャー海淵で、モリテラ・ヤヤノシアイとシュワネラ・ベンティカという、2種類の超深海微生物が発見された。どちらも水深5000mより浅い環境では生きられず、水深7000m以上の水圧がもっともお好みな、超深海層に適応した細菌である。

　まるで想像もできない未知の生物のように思えるが、実際には大腸菌の仲間だという。実は、我々の腸に住んでいる大腸菌も、水深5000mの高圧下で生きる能力をもっている。

低温高圧の環境でしか生きられない

　これらの変わり者を海底から連れて来るときのポイントは、決して陸上の温度と気圧に触れさせないこと。500気圧以下では繁殖することができない彼らは、陸上の高温低圧の環境が得意ではない。JAMSTECでは、低温高圧を保ったまま菌を回収・培養するための装置を制作し、ついにこの2種の菌を採取することに成功した。

　モリテラ属もシュワネラ属も、世界中のあらゆる深さの海底の泥から見つかる菌だが、この2種の生物は、とりわけ深い低温高圧の環境に適応している。いったいその体のどこに高圧適応の秘密があるのか、今はまだわかっていない。

» プロテオバクテリア門

シュワネラ・ベンティカ
Shewanella benthica

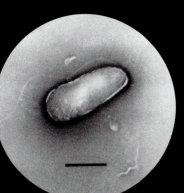

モリテラ・ヤヤノシアイ
Moritella yayanosii

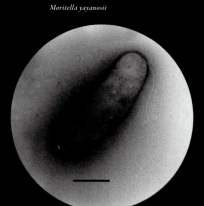

マリアナ海溝にて、海底からサンプリングを行う様子。

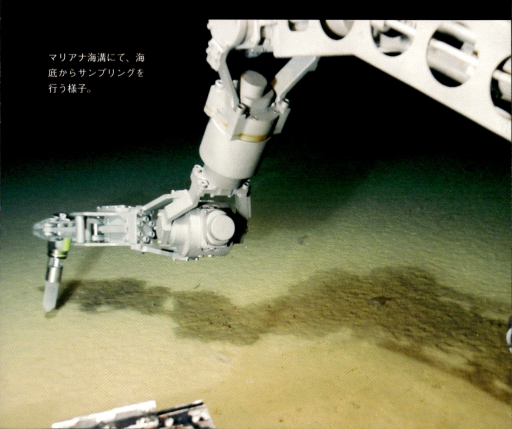

深海コラム　DEEP SEA Column

太陽光が不要な暮らし

人間を含むほとんどの生物は、植物による光合成に支えられた食物連鎖の中で生きている。しかし、深海には太陽光を必要としない「化学合成生態系」が存在する。私たちが生きる光合成生態系とは異なるその世界には、多くの深海生物が集まっている。

湧水域・熱水噴出域の生物群集　p.245〜

熱水噴出域

マグマで熱せられた海水が海底の熱水噴出孔から吹き出す。300℃にもなる熱水には硫化水素、メタン、水素などが豊富に含まれる。これらの成分をエネルギー源とする生物が生息する。

熱水中の成分が固まってできたチムニー

湧水域

湧水域は、プレートが圧縮されて絞り出された海水が湧く場所。この湧水には、メタンや硫化水素が多く含まれている。これらの成分をエネルギー源とする生物が生息している。

湧水域に密集するサガミハオリムシ

鯨遺骸周辺

海底に沈んだ鯨の死骸の周辺に広がる。死骸中の有機物が分解される過程で生じる硫化水素などが充満している。

相模湾沖に沈むマッコウクジラの骨。

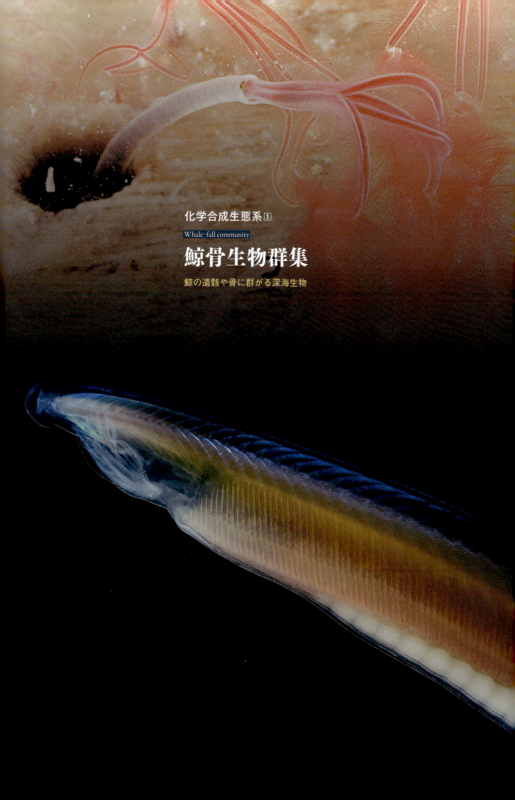

化学合成生態系 ①
Whale-fall community
鯨骨生物群集
鯨の遺骸や骨に群がる深海生物

Asymmetron inferum | ナメクジウオ目ナメクジウオ科ゲイコツナメクジウオ

鯨骨が好きな変わり者

ゲイコツナメクジウオ

分布	東シナ海野間岬沖
水深	230m
主な食性	不明

500

体長 約1.5cm

ゲイコツナメクジウオ
Asymmetron inferum

　2004年に発見され、新種と記載されたナメクジウオの一種。鹿児島県の野間岬沖には鯨の死骸が沈められて、その死骸や周辺の海底に生息する生物が詳しく調査されている。ゲイコツナメクジウオは、その鯨骨や脳の鯨油の中、および周囲の海底で、初めて発見された生物である。「ゲイコツ」という和名はこれに由来している。
　他のナメクジウオの仲間は、浅い海の清涼な環境を好み、低密度で分布する。しかしこのゲイコツナメクジウオだけは、微生物によって分解され腐敗していく鯨の周囲に高密度で生息している。

» 脊索動物門／漂泳生物

脊椎動物の最も原始的な祖先？

　ナメクジウオ類は脊索動物に分類される。脊索と脊椎は響きが似ているが、もちろん別物だ。我々の持つ脊索は、受精卵から赤ちゃんへと成長する過程のごく初期に、背中の中心にできる棒状の器官である。この脊索はすぐに吸収されてしまい、脊索があった場所に脊椎骨が形成される。これに対してナメクジウオなどの原始的な生物は骨を作らず、脊索で体を支えたまま成熟する。

　こんな脊索動物は、我々脊椎動物の遠い祖先とも考えられる。遺伝子の分析によって、ゲイコツナメクジウオの仲間は、ナメクジウオの中でも更に原始的なグループであることが判明している。

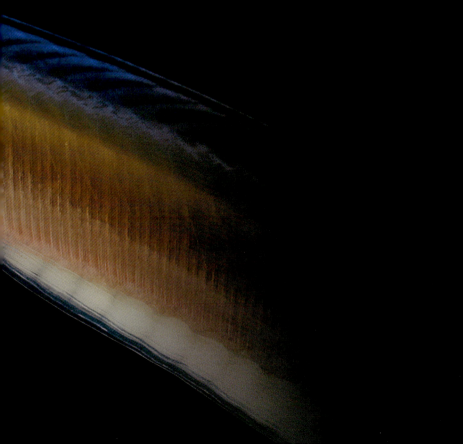

Eptatretus burgeri ｜ ヌタウナギ目ヌタウナギ科ヌタウナギ

ヌタをまとった嫌われ者

ヌタウナギ

分布	南太平洋など
水深	数百〜1000m
主な食性	鯨の腐肉

体長　約60〜80cm

　ヌタウナギは、なじみのあるウナギなどの硬骨魚類とは大きく異なる無顎口上綱（以前は円口類といった）という原始的なグループに属する。
　ヌタウナギの最大の特徴は、和名の由来でもある粘液（ヌタ）である。体の脇には、エラ孔と一緒に、ヌタを分泌する孔がある。敵に襲われると大量のヌタを放出して身を守るのだが、その粘度は強烈である。透明なヌタがまとまって、まるで布のように体を覆うため、これでは捕食者もたまらない。実際に、ヌタウナギを咥えたもののヌルヌルして飲み込めず、体を吐き出す魚の映像もある。また、ある研究者がヌタウナギの飼育を試みたところ、加圧飼育器にドロドロのヌタが張り付いて大変だったという。

死骸にもぐり込み、腐肉をむさぼる

　ヌタウナギの体には硬い骨がなく、眼の水晶体や視神経は退化し、鋭い牙もない。かわりに持つのが、舌の上に2列に並んだ鋸のような歯で、柔らかい体を生かして狭い隙間にも入り込み、歯を前後に動かして精力的に獲物を食べる。深海で撮影された映像には、ヌタウナギが鯨の死骸に大量に群がる姿や、しきりに体をねじらせ、貝の腐肉をもどかしいように食べつくす姿が捉えられている。
　また、ヌタウナギと姿が似た腐肉食の深海性魚類にコンゴウアナゴがおり、やはり鯨の死骸に集まる姿が確認されている。相模湾に沈んだ鯨の死骸は、コンゴウアナゴの群れによって約5ヶ月で食べ尽くされたという。

ヌタウナギ属の一種
Eptatretus stoutii
太平洋に生息しているヌタウナギの一種。

コンゴウアナゴ
Simenchelys parasitica
366～2670m
ウナギ目ホラアナゴ科。全長70cmにもなる。鯨の死骸に群がっている。

Adipicola pacifica | イガイ目イガイ科 ヒラノマクラ

骨に群がる貝の群れ

ヒラノマクラ

分布　ハワイ、日本近海
水深　150 〜 715m
主な食性　共生細菌に依存

殻長　約2cm

深海に鯨の死骸が沈むと、まずは、その肉をヌタウナギやグソクムシなどがきれいに食べ尽くす。そのあとに脳の鯨油や骨が残るが、鯨骨はたっぷりと脂質を含んでいるので、栄養源の少ない深海ではごちそうである。

微生物が鯨骨の脂を酸素のない環境で分解すると、分解の過程で硫化水素が発生する。これを利用して生きているのが、二枚貝のヒラノマクラである。鯨骨の表面に食い込むようにして暮らしており、右の写真のように、透明な入水管を海中に長く伸ばしている。

入水管を伸ばしている理由は？

硫化水素は多くの生物にとって有害な物質である。実は、ヒラノマクラ自体は硫化水素に十分適応しているわけではない。このため、ヒラノマクラは入水管をできる限り遠くまで伸ばし、酸素の豊富な海水を取り込んで呼吸しているのだと考えられている。

硫化水素を利用しているのは、実はヒラノマクラ自身ではなく、エラに共生している細菌なのである。植物が日光のエネルギーで光合成をするように、共生細菌が硫化水素のエネルギーで養分を作り出して、ヒラノマクラに提供している。ヒラノマクラはその代わりに、安全な殻の中で彼らを守っている。

ヒラノマクラ
Adipicola pacifica

Tanea magnifluctuata | 吸腔目タマガイ科 **オオナミカザリダマ**

鯨骨に集う貝類を狙う

オオナミカザリダマ

分布　東シナ海野間岬沖
水深　225m
主な食性 🐚

500

殻高　約2.5cm

　有機物や硫化水素が豊富な鯨骨の周辺には、多くの深海生物が集まる。骨の上に棲みつくものだけではなく、周囲の海底の砂泥に潜って暮らしているものも多い。それら海底の生物を捕食するのが、水玉模様の軟体部を持つオオナミカザリダマという巻き貝である。

貝に穴を開けて食べ尽くす

　オオナミカザリダマを含むタマガイ科の仲間は、二枚貝などを襲って食べる肉食性の貝で、口の中には、細長い舌の上に細かい歯が多数並んだ「歯舌」という軟体動物特有の口器を持つ。この歯舌で貝殻を削って穴を開け、そこから吻を差し込んで中の肉を食べる。潮干狩りでアサリを捕ると、穴が開いて中身が食べられた後の貝殻が落ちていることがあるが、これはタマガイ科のしわざであろう。

　オオナミカザリダマは、野間岬沖に沈んだマッコウクジラの死骸の周辺で発見されている。見た目は美しい貝だが、獲物の前では冷酷なハンターだ。鯨骨の周辺では今日も静かな戦いが繰り広げられている。

オオナミカザリダマ
Tanea magnifluctuata

Osedax japonicus | ケヤリムシ目シボグリヌム科 ホネクイハナムシ

鯨の骨をむさぼるゾンビ

ホネクイハナムシ

[分布] 東シナ海野間沖
[水深] 200〜250m
[主な食性] 鯨骨から栄養吸収

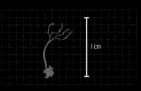

[全長] 約9mm

　クローズアップして見ると満開の花のような美しい姿をしているホネクイハナムシは、ハオリムシやゴカイなどと同じ環形動物の仲間だ。海底に沈んだ鯨骨にのみ生息し、これ以外の場所では見つかっていない。

　管から出ているふさのような部分がエラで、この赤色はハオリムシと同じくヘモグロビンの色である。この赤いエラを持つ個体はすべて雌で、雄は成熟しても幼生に近い顕微鏡サイズのままで、雌に付着して精子を生産し、受精に貢献する。

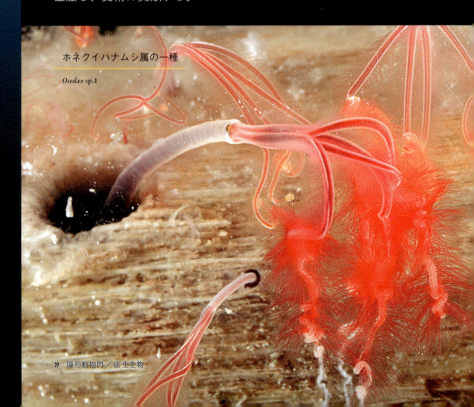

ホネクイハナムシ属の一種
Osedax sp.1

» 環形動物門／底生生物

骨の中に根を張って生きる

　この生物の下半身は栄養体と呼ばれ、球状の根のような組織となって鯨骨の中に埋没している。栄養体には微生物が共生しており、タンパク質を分解する酵素を分泌して骨を溶かし、有機物を栄養として取り込んでいるらしい。この生き方なら必要ないとばかりに、ホネクイハナムシは、口や胃、腸などの消化管は一切持たない。

　華やかな姿に反して、英名では zombie worm（ゾンビワーム）と呼ばれている。まさに死骸の骨をむさぼるゾンビというわけである。

　骨に定住した成体はもう移動することはできないし、骨の栄養は短期間で枯れてしまう。新たな栄養源となる鯨の死骸を見つけるのは幼生の役目のはずだ。2005 年に研究目的でマッコウクジラの死骸が相模湾に沈められたが、9ヶ月後にはすでに多種のホネクイハナムシ類が住み着いていた。ホネクイハナムシたちがどうやって鯨の死骸を見つけるのか、その仕組みはまだ解明されていない。

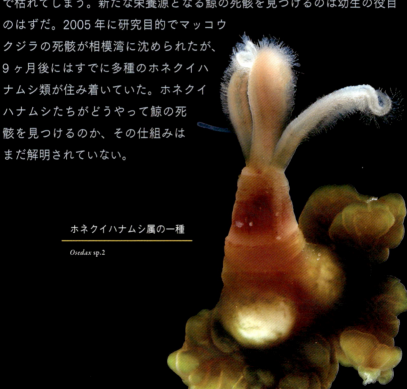

ホネクイハナムシ属の一種

Osedax sp.2

「しんかい6500」の一日

一日の
作業の流れ

- 7:00 作業開始
- 8:20 着水作業
- 9:00 潜航開始
- 11:30 海底到着
- 調査
- 14:30 上昇開始
- 17:00 海面浮上

作業開始から海底到着まで

「しんかい6500」が調査に出る際は、まずは支援母船「よこすか」に載せられて移動する。目的の海域に到着すると、母船から降ろされて、潜航を始める。潜航には動力を使わず、鉄の重りを積むことで下降する。

調査から海面浮上まで

海面から深度6500mまでは、片道で約2時間30分かかる。1回の潜航時間は8時間と定められているので、実際に深海を動いて調査できるのはわずか数時間。限られた時間で調査目的を達成するには、パイロットと研究者の連携が欠かせない。海底での調査が終わったら重りを切り離して浮上する。

調査船の乗り心地は？

「しんかい6500」には、パイロット2名と研究者1名の計3人が乗り込む。乗り込む場所は、内径2mの耐圧殻の中である。乗組員が吐く二酸化炭素を吸収して酸素を供給する仕組みと、耐圧殻内を地上と同じ気圧に調整する仕組みを装備している。

深度1500m以深にまで潜ると水温は2℃程度になるので、耐圧殻の中もかなり冷え込む。機内に暖房は備わっていないため、乗組員は防寒着を着る。また、トイレもないので、オムツを履いていく乗組員もいるという。

化学合成生態系 ②
Seep community & Hydrothermal vent community

湧水域・熱水噴出域の生物群集

湧水や熱水の周辺に群がる深海生物

» 学名未記載 | 分類未確定

鎧をまとった謎の巻き貝

スケーリーフット

|分布| インド洋の熱水噴出域
|水深| 2420〜2430m
|主な食性| 不明

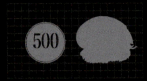

|殻高| 約3cm

　インド洋のかいれい熱水フィールドと呼ばれる熱水噴出域で発見されたスケーリーフットは、黒い鱗を足にびっしりとまとった奇妙な巻き貝だ。英名はScaly Foot（鱗のある足）である。まだ正式には新種記載されていないが、ウロコフネタマガイという和名もある。鱗を持つ巻き貝は、知られている限りこの種だけである。この鱗で、捕食者のカニのハサミから足を守る姿も観察されている。

　スケーリーフットの貝殻や鱗の成分には硫化鉄が含まれている。硫化鉄は強い磁性を持ったナノサイズの結晶となっているのだが、この結晶化には共生する微生物が関係しているらしい。スケーリーフットは、貝殻や鱗の外側に2種類の微生物を共生させている。スケーリーフットが体内に取り込んだ硫黄と熱水中の鉄分を使って、微生物が硫化鉄の結晶を作るようだが、詳しい仕組みは未だによくわかっていない。

謎が謎を呼ぶ、白いスケーリーフット

　さらに驚くべきことに、2010年、「しんかい6500」の調査によって白いスケーリーフットが発見された。こちらは、かいれいフィールドから700km以上離れたソリティア熱水フィールドに生息していた。足に鱗を持つという点は黒いものと同じだが、鱗も殻も白っぽく、硫化鉄は含まれていないという。見た目はこれだけ違うのに、両者の遺伝子にはほとんど差がないことも明らかとなり、ますます謎を呼んでいる。

» 軟体動物門／底生生物

スケーリーフット
学名未記載

Calyptogena soyoae | マルスダレガイ目オトヒメハマグリ科シロウリガイ

深海研究のシンボル的存在

シロウリガイ

[分布] 相模湾などの湧水域
[水深] 750〜1200m
[主な食性] 共生細菌に依存

[殻長] 約11cm

　シロウリガイが最初に発見されたのはまだ潜水調査が一般的ではなかった頃で、調査船蒼鷹丸の網にかかった死殻だけが研究者の手に渡っていた。学名についた soyoae はこの調査船名にちなんでいる。

　その後の1984年、日本初の本格的な有人調査船「しんかい2000」によって、相模湾の海底に集団で生息しているシロウリガイの姿が発見された。シロウリガイはまさに、日本の化学合成生物群集の研究の始まりを象徴する生き物といえる。

頼みの綱は共生細菌

　シロウリガイの殻を開けると、白い外見とは対照的に、血のように真っ赤な血液と発達したエラが目を引く。エラには多数の硫黄酸化細菌が生息しており、湧水域の海水に含まれる硫化水素を取り込んで有機物を作り出す。これがシロウリガイを支えている。彼らは消化管が退化していて、栄養を完全にこの細菌に依存して生きていると考えられている。

　近年、研究によってこの共生細菌の全ゲノム遺伝子を解読した結果、細菌が植物のように栄養分を生み出していることがわかってきた。細菌はシロウリガイの細胞の中で共存しており、貝と完全に一体化した生き方を選んだ。細菌は親から子へと受け継がれ、命を繋いでいる。

　シロウリガイは相模湾の固有種だと思われていたが、後年、広い太平洋を挟んだアメリカ西海岸近くのモントレー湾に生息する種が、シロウリガイと同種であることが判った。どのようにして深海生物が各地に分散していったのか、この謎もまた新たな研究対象となる。

シロウリガイ

Calyptogena soyoae

相模湾の水深1106m付近で撮影されたシロウリガイの群集。

ワダツミウリガイ

Calyptogena pacifica

シロウリガイ属の仲間。

Alviniconcha hessleri | 新生腹足目ハイカブリニナ科 アルビンガイ

殻の表面に毛が生えている巻き貝

アルビンガイ

|分布| マリアナトラフなどの熱水噴出域
|水深| 1400〜3630m
|主な食性| 共生細菌に依存

|殻高| 約5cm

熱水噴出域に暮らすアルビンガイは、獲物をとらなくても栄養を得る仕組みを体に備えている。エラに共生させている細菌が熱水中の硫化水素から有機物を作り、アルビンガイに栄養を供給しているのである。

世界の熱水噴出域に広がる仲間たち

アルビンガイと同じハイカブリニナ科の仲間は、日本近海でも発見されているが、マリアナトラフ、マヌス海盆、インド洋、北フィジー海盆などの海域でも発見されている。

マリアナトラフの熱水噴出域では、熱水が噴き出るチムニーに、海底が見えないほど密集して暮らすアルビンガイの様子が確認されている。マヌス海盆や北フィジー海盆では、アルビンガイ属の仲間の他に、ヨモツヘグイニナというハイカブリニナ科の巻き貝なども暮らす。さらに、インド洋ではスケーリーフット (p246) の上に重なるように暮らしているアルビンガイ属の仲間の集団も発見されている。

遠く離れた別々の熱水噴出域に暮らすアルビンガイ属の仲間たちだが、集団間で遺伝的にほとんど分化していないことが、最近の研究からわかってきた。遙かな距離を超えて熱水で繋がる仲間たちは、どのようにして世界中の海底に広がるのか、興味深い。

» 軟体動物門／底生生物

アルビンガイ

Alviniconcha hessleri

マリアナトラフの水深1484m付近で撮影されたアルビンガイの群集。

アルビンガイ属の一種

Alviniconcha sp.

2010年に父島の北西にある水曜海山で発見されたアルビンガイ属の一種。

Vulcanolepas osheai | 有柄目アカツキミョウガガイ科 **ブラザースレパス**

熱水を彩る花のつぼみ

ブラザースレパス

[分布] ケルマディック背弧海盆
[水深] 1290〜1468m
[主な食性] 細菌を捕食

[体長] 約20cm

　あまり馴染みのない生物かもしれないが、フジツボの仲間と聞けば親近感を覚えるだろうか。細長いホースのような柄部の先に、花のつぼみのような形の殻を持つ、不思議な生物である。殻の部分が野菜の茗荷に似ていることから、この生物の仲間はミョウガガイ科と呼ばれる。

　これらの仲間は、柄部の付け根で岩などに固着して暮らしている。「頭状部」と呼ばれる殻の中には、口や消化管、生殖器官などが収まっており、獲物を捕らえる際には、24本もの繊細な器官が口から出てくる。先端がクルクルと巻かれたこの器官は、蔓のように見えるため「蔓脚」と名付けられている。この蔓脚を持つ生物が蔓脚類で、フジツボもそこに含まれる。

白い脚を広げて細菌を食べる

　深海で撮影された映像には、熱水特有のゆらぎの中で、岩一面に群れるブラザースレパスが捉えられている。海底を埋め尽くすほどの豊かな生物量を支えているのは、熱水に含まれる硫化水素などで育つ細菌である。ブラザースレパスは、わずかな海流に乗って運ばれる小さな細菌を食べている。口から白い蔓脚を一杯に広げては、勢いよく口に引っ込めて細菌を捕らえる。

　そんなブラザースレパスの仲間は、太平洋やインド洋を中心とした熱水域や湧水域で多種が発見されている。これらの蔓脚類は化石よりも古い形態を有していることが知られており、Glimpse of antiquity（太古の覗き窓）とも言われている。

» 節足動物門／底生生物

ブラザースレパス
Vulcanolepas osheai

ケルマディック背弧海盆で撮影されたブラザースレパスの群集。

Shinkaia crosnieri | 十脚目コシオリエビ科 **ゴエモンコシオリエビ**

胸毛だらけの大泥棒、五右衛門

ゴエモンコシオリエビ

[分布] 沖縄トラフの熱水噴出域
[水深] 700〜1600m
[主な食性] 細菌を捕食

甲長 約5cm

　和名は釜茹でになった天下の大泥棒、石川五右衛門に由来する。ユノハナガニしかり、熱水に住む生物はお湯にちなむ名前が多い。

　ゴエモンコシオリエビは沖縄トラフの熱水噴出域に生息する。周辺の海水温は3℃程度だが、熱水は所によって300℃以上にもなる。「ゴエモン」はここで釜茹でになって……というわけではなく、噴出孔から数十cm〜2m離れた水温4〜6℃の場所に暮らしている。多数の個体が満員電車のようにひしめきあって暮らしており、場所によっては重なりあっている。この生物密度の高さに、初めて観た人は驚いた。熱水は生物が豊かとはいえ、いったい何を食べて生きているのであろうか。

熱水で育つ細菌を食べ放題

　その鍵は熱水中の成分にあった。この生物は、腹側に豊かに生えた長い毛の中に細菌を飼っている。細菌は熱水に含まれる硫化水素やメタンをエネルギー源として増殖し、ゴエモンコシオリエビはこの細菌を食べている。アゴの近くにある短い顎脚（がっきゃく）の先端、櫛の歯のような部分で毛をなでて、細菌を口へ運ぶ。このような細菌との共生を「外部共生」と呼ぶ。これに対し、ガラパゴスハオリムシ（p260）のように体内に細菌を取り込んで共生する仕組みを「内部共生」という。

　ゴエモンコシオリエビの眼は退化してしまっているが、代わりに立派な触角がかつての眼の近くから伸びている。この感覚器で周囲の温度などの情報を得ているのだろう。生存のために必須なのは、何と言っても細菌を育てるこの熱水なのだから。

» 節足動物門／底生生物

ゴエモンコシオリエビ
Shinkaia crosnieri

南西諸島近海の熱水噴出域に群がるゴエモンコシオリエビ。

顎脚

Gandalfus yunohana | 十脚目ユノハナガニ科ユノハナガニ

温泉が好きすぎる白いカニ

ユノハナガニ

[分布] 日本近海の熱水噴出域
[水深] 400～1600m
[主な食性] 細菌などを捕食

[甲幅] 約6cm

　ユノハナガニの仲間は14種が知られており、全て世界各地の熱水噴出域で発見されている。和名は温泉の「湯の花」に由来する。
　このカニは水温が10～20℃の場所を好むようだが、100℃以上にもなる熱水噴出孔にぎっしり群がる姿も観察されている。
　眼が退化しており触角等の感覚器で熱水の位置を探っているが、中には噴出孔に近付きすぎて超高温の熱水によってやけどを負った個体や、殻に穴が開いてしまった個体まで発見されている。

細菌と共生しない生き方

　ユノハナガニは熱水に特有の生物でありながら、ハオリムシ類のように体内の細菌と共生するわけでもなく、ゴエモンコシオリエビのように胸毛で細菌を育てているわけでもない。ではどうやって生きているかというと、熱水により海底に育つ細菌の群集（バクテリアマット）を食べているのだ。噴出孔に近いほど細菌の量は多いので、熱水に限りなく近づくのは本能なのだろう。また、大きなハサミで巻き貝の軟体部などを捕らえることもある。熱水の生物密度はとても高いので、そのような食事も普通の深海底よりは効率が良いに違いない。
　このカニは環境の変化にかなり順応性が高く、温度さえ保っておけば、急激に深海から陸上へ引き上げても平気である。陸上の砂に人工海水という環境で飼育すれば、脱皮しながら成長し、産卵もする。深海生物の中でも最も飼育しやすい生物のひとつなのである。

ユノハナガニ

Gandalfus yunohana

Paralomis multispina | 十脚目タラバガニ科エゾイバラガニ

イバラだらけの捕食者

エゾイバラガニ

[分布] 相模湾、沖縄トラフなど
[水深] 600〜1600m
[主な食性]

[甲幅] 約12cm

　エゾイバラガニはイガグリガニ (p155) などと近縁で、全身が細かい棘で覆われている。タラバガニ科の中には、イバラガニ属やエゾイバラガニ属など、「イバラ」の名を持つ棘の生えた仲間が多い。エゾイバラガニの棘は幼若期には鋭いが、成長するにつれて短く、平たくなる。

シロウリガイの殻をこじ開ける

　エゾイバラガニ属の仲間は、通常の深海底に生息する種が多い。しかしこのエゾイバラガニやエンセイエゾイバラガニは、湧水域や熱水噴出域にも多数生息している。これらのカニが、シロウリガイ (p248) などの貝を鋏でこじ開けて捕食しようとする姿が観察されている。シロウリガイは湧水域の海底に高密度で群れているので、これを食べるカニにとってはまさに天国のような環境であろう。

　湧水域の硫化水素から養分を作り出す硫黄酸化細菌、その養分で生きるシロウリガイ、そしてシロウリガイを食べるエゾイバラガニ。化学合成環境は実に豊かな生命を支えている。

エンセイエゾイバラガニ

Paralomis jamsteci

南海トラフの水深916m付近で撮影されたエゾイバラガニの群集。

エゾイバラガニ
Paralomis multispina

» *Riftia pachyptila* ケヤリムシ目シボグリヌム科 ガラパゴスハオリムシ

長さ3mの群生する巨大ワーム

ガラパゴスハオリムシ

[分布] 東太平洋の熱水噴出域
[水深] 2000〜2670m
[主な食性] 共生細菌に依存

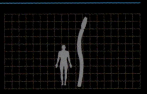

[体長] 約3m

　1977年、アメリカの調査船アルビン号によって発見されたガラパゴスハオリムシ。英名では Giant tube worm（ジャイアントチューブワーム）と呼ばれる。「ワーム」という名は、細長く小さな身体をもつゴカイ類に付けられることが多いのだが、この生物の大きさは異様だ。太さは直径2〜3cm、長さは最大で3mにもなる。ハオリムシの仲間で最も大きい種である。

何も食べずに生きていくことができる

　ガラパゴスハオリムシの体で目を引く真っ赤な部分は、エラである。観察していると、エラが管の中へと素早く引っ込んでは、しばらくしてユラ〜っと顔を出す。

　このエラの赤みは、体液中のヘモグロビンによる赤みである。ハオリムシの持つヘモグロビンは人間の血中にあるヘモグロビンとは異なり、ものすごく巨大で、硫化水素と酸素を同時に運ぶことができる。ハオリムシは熱水噴出域の豊富な硫化水素を取り込み、この巨大ヘモグロビンによって、体内に住む微生物に硫化水素を供給する。

　微生物は硫化水素を燃やして有機物を作り出して、ハオリムシはその有機物だけで生きている。つまりハオリムシは「なにも食べずに生きることができる」驚きの生き物なのだ。事実、成長したハオリムシは消化器官をもたない。毎日なにかを食べて生きている動物や、光合成でエネルギーを得ている植物からは、想像もできない生き方である。

ガラパゴスハオリムシ
Riftia pachyptila

サツマハオリムシ属の一種
Lamellibrachia sp.

■ 290～1430m

シボグリヌム科の仲間。この種は相模湾や沖縄トラフ北部などで見られる。

Paralvinella hessleri フサゴカイ目エラゴカイ科 マリアナイトエラゴカイ

世界一熱さに強い動物

マリアナイトエラゴカイ

|分布| マリアナトラフなどの熱水噴出域
|水深| 650〜3676m

|主な食性| 不明

|体長| 約3cm

　名前の通りマリアナトラフなどに生息するゴカイの仲間で、日本でも沖縄トラフの熱水噴出域で発見されている。

　マリアナイトエラゴカイは、微生物を除いた生き物の中で最も熱さを好むことで知られている。高圧の深海では熱水は沸騰することなく温度が上がるので、300℃を超えることも多い。この生き物は、そんな熱水の吹き出すチムニーの壁面に穴を作って住処としている。当然、巣穴もそれなりに高温となる。

100℃を超えても生きられる

　好熱に関しては、同じエラゴカイ科の仲間で複数の研究結果が報告されている。エラゴカイ *Alvinella pompejana* は、短時間であればなんと105℃の熱水に触れても生きていられる。エラゴカイの巣穴の温度を測ったところ、平均温度は68℃で、巣の奥は80℃を超えることもあるという。人間なら重度の火傷を負っているだろう。

　また、別種のエラゴカイを熱水噴出域の環境を再現した水槽に入れたところ、45〜50℃の場所を好んで7時間以上留まったという結果もある。種によって耐熱温度が異なるのかもしれない。

　微生物では122℃で生育できる超好熱メタン菌が最高記録だが、動物では彼らが好熱のチャンピオンである。熱水で生きられる理由のひとつは、タンパク質を構成するアミノ酸の使い方にあるのではないかと言われている。

マリアナイトエラゴカイ
Paralvinella hessleri

» *Hesiocaeca methanicola* | サシバゴカイ目オトヒメゴカイ科 **メタンアイスワーム**

氷とともに生きる謎の生物

メタンアイスワーム

[分布] メキシコ湾
[水深] 540m
[主な食性] 不明

[体長] 最長5cm

　1997年、米国ペンシルバニア州立大学のフィッシャー教授は、潜水調査中に直径2mものメタンハイドレートの固まりを発見した。メタンハイドレートとは、氷の結晶の中にメタンガスが閉じこめられたもの。そこに、1㎡当たり2500個体もの高密度で暮らす生物がいた。それがこの*Hesiocaeca methanicola*（通称メタンアイスワーム）である。
　メタンアイスワームは様々な点が実に驚異的で、氷の上どころか、氷の中に掘ったトンネルの中でも長時間生活できる。研究の結果、最大96時間も無酸素状態で耐えられるということも判明した。

氷の中で生きられる理由とは？

　彼らは何を食べて生きているのか？　氷の中で体が凍ってしまわないのか？　こういった様々な疑問も、徐々に解明されてきている。メタンハイドレートの表面はややオレンジ色をしており、これはメタンを栄養として生きる菌などの色だと考えられる。まだ直接の証拠はないが、安定同位体比による分析の結果、メタンアイスワームはこの菌を主食としている可能性が高いことがわかってきた。
　なぜ凍らないのかという問いにはまだ答えはないが、氷河に暮らすアイスワームの仲間は「不凍タンパク質」を持つことが知られている。極域の魚類などが持つこのタンパク質はかなり以前より知られ、凍結防止の素材としても利用されている。メタンアイスワームも、おそらく同様のタンパク質を利用しているに違いない。実に不思議な力を秘めた深海生物なのである。

» 環形動物門／底生生物

メタンアイスワーム
Hesiocaeca methanicola

海中の氷の表面を動き回るメタンアイスワーム。

Polynoidae ｜ サシバゴカイ目ウロコムシ科

鱗の下に秘めたギャップ

ウロコムシ科の仲間

[分布] 熱水噴出域や湧水域、鯨骨周辺
[水深] 2000m（ミツマタフタオウロコムシ）
[主な食性] 不明

（ミツマタフタオウロコムシ）
[体長] 約15mm

　ウロコムシ科の仲間は、ゴカイなどと同じ環形動物に属している。名前の通り、背面が平たい鱗に覆われている。
　ウロコムシ科の大部分の種は潮間帯など浅いところに生息しているが、深海の熱水噴出域を好んで住処とする種も多数知られている。深海の熱水噴出域や湧水域などの化学合成環境には、実は環形動物が多く生息している。例えばハオリムシ、イトエラゴカイ、ユーニスワームと呼ばれるイソメの仲間、そしてウロコムシの仲間などである。

ウロコムシ科の一種
Lepidonotopodium jouinae

» 環形動物門／底生生物

ミツマタフタオウロコムシ
Branchinotogluma trifurcus

近くで見ると、まるでモンスター

　ウロコムシは肉眼でも見えるサイズの生物だが、電子顕微鏡で顔だけをクローズアップしてよく見てみると驚くべき姿をしている。角のような突起が生えたその姿は、まるで恐ろしいモンスターのように見える。

　これらのウロコムシの詳しい生態はあまり解明されていないが、熱水に特有の細菌を食べて暮らしていると考えられている。種によってはウロコに短い突起を持ち、この突起に繊維状の細菌が付着していることもある。

　繊細な鱗とは対象的に、怪獣のような顔を持つウロコムシ。深海をミクロの視点で眺めると、また違った世界が見えてくる。

ウロコムシ科の一種
Lepidonotopodium piscesae

» Betaproteobacteria ｜ベータプロテオバクテリア綱のうちの数種

暗闇で有機物を作り出す

硫黄酸化細菌

[分布] 広く分布
[水深] 広く分布
[主な食性] 無機物を有機物にして食べる

[体長] 約1μm

　太陽光の届かない深海では、食料となる有機物のほとんどは、上から降りてくるマリンスノーや生物の死骸によって賄われる。しかし熱水噴出域や湧水域などの硫化水素が生じる場所には、なんと硫化水素を利用して有機物を作り出す生物がいる。それが硫黄酸化細菌である。細菌の大きさは約1マイクロメートル。1mmの1000分の1という大きさだが、これが熱水噴出域などの豊富な生物量を陰で支えている。

　時には、この小さな細菌が人間の目に見えるほど生長して、バクテリアマットと呼ばれる固まりを形成することもある。日本海の奥尻沖、水深3100mの海底には、何kmにもわたって白いバクテリアマットが続く場所が発見されている。理由は定かでないが、おそらく海底下に細菌が利用している硫化水素の供給源があるのだろうと考えられている。

深海生物と持ちつ持たれつ

　この硫黄酸化細菌が、他の深海生物の体内、あるいは体の表面などに共生している例も知られている。生物が細菌に住む場所を提供し、細菌は有機物を生物に提供する、持ちつ持たれつの間柄なのである。

　右の写真は、シロウリガイなど深海に暮らす貝のエラ器官に共生している細菌だ。他の生物と共生する細菌は、海底に住む細菌よりも遺伝子の数が少ないことがわかっている。宿を提供する生物が細菌の生育をコントロールするため、必要な遺伝子が少ないのかもしれない。

» プロテオバクテリア門

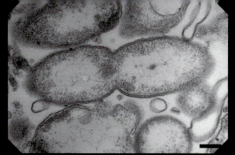

ナラクハナシガイと共生する硫黄酸化細菌。日本海溝の水深7434mで採取された。

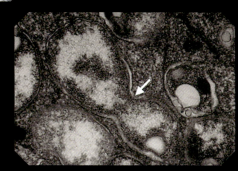

シマイシロウリガイと共生する硫黄酸化細菌。相模湾の水深1157mで採取された。

日本海奥尻沖のバクテリアマット。水深3100m地点。

» *Methanocaldococcus* メタノコックス目メタノカルドコックス科
» *Methanopyrus kandleri* メタノピュルス目メタノピュルス科メタノピュルス・カンドレリ

35億年前から生命を支える

超好熱メタン菌

|分布| インド洋中央海嶺（発見場所）
|水深| 2450m（発見場所）
|主な食性| 無機物を有機物にして食べる

（メタノピュルス・カンドレリ）
|体長| 約1μm

　深海の熱水噴出域で、非常に高熱の環境を好む2種類のメタン菌が発見された。メタン菌は、二酸化炭素や水素などを元にメタンを生成することができる。硫黄酸化細菌と同様、日光の届かない深海で有機物を作り出す大事な役割を担っている。

　さらにこの菌は、海中の窒素分子を利用して、アンモニアなどの窒素化合物に作り変える能力も持っている。これを「窒素固定」と呼ぶ。窒素は生物の体を作るタンパク質の材料だが、窒素分子は非常に反応しにくいため、ほとんどの生物は窒素分子から窒素を取り込むことはできない。メタン菌は、窒素分子を他の生物が利用できる窒素化合物に変えることで、数多くの生命を支えている。このような熱水環境で生きるメタン菌の中には、陸上のお湯より熱い、深海の熱水122℃という世界一高温で増える変わり者もいる。

化石の中から発見されたメタン菌

　35億年前の深海の熱水噴出域で生成したと考えられる化石の中に、かつての「熱水」の粒が閉じ込められて発見されている。最古のメタン菌が作り出したメタンや、菌の遺骸らしき有機物が残されている。

　この化石を調べた結果、メタン菌はなんと35億年前から窒素固定を行っていたらしいことが明らかになった。地球上に生命が誕生したのは、諸説あるがおよそ40億年前と言われている。まだ生物のごく少なかった時代から、メタン菌は窒素固定によって他の生物を支え、進化と繁栄に大きく貢献してきたようである。

» ユリアーキオータ門

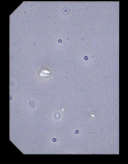

メタノカルドコックス科の一種

Methanocaldococcus

同じ超好熱メタン菌を明るい光で観察したとき（左）と、特別な光をあてて蛍光を観察したとき（右）。

メタノピュルス・カンドレリ

Methanopyrus kandleri

122℃の高熱で増える超好熱メタン菌。

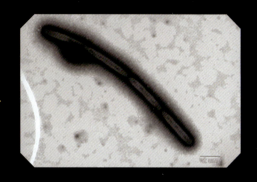

超好熱メタン菌がいる、インド洋中央海嶺の熱水噴出域。

参考文献

平本紀久雄, "ハリイバラガニ *Lithodes longispina* SAKAI について", The Carcinological Society of Japan, (6), 1974, p.17-24

毎原泰彦, "駿河湾の深海に生息するタラバガニ類",The Carcinological Society of Japan, (1), 1991, p.11-13.

G.S.Schorr, E.A.Falcone, D.J.Moretti, R.D.Andrews, "First Long-Term Behavioral Records from Cuvier's Beaked Whales (*Ziphius cavirostris*) Reveal Record-Breaking Dives", PLoS ONE 9(3): e92633. doi:10.1371/journal.pone.0092633, 2014.

Daniel DESBRUYERES, Stephane HOURDEZA, "new species of scale-worm (Polychaeta: Polynoidae), *Lepidonotopodium jouinae* sp. nov., from the Azores Triple Junction on the Mid-Atlantic Ridge", Cah. Biol. Mar. 41, 2000, p.399-405.

Sönke Johnsen, Elisabeth J. Balser, Edith A. Widder, "Light-emitting suckers in an octopus", Nature VOL 398, 1998, p.113-114.

C.R.Fisher, I.R.MacDonald, R.Sassen, C.M.Young, S.A.Macko, S.Hourdez, R.S.Carney, S.Joye, E. McMullin, "Methane ice worms: *Hesiocaeca methanicola* colonizing fossil fuel reserves", Naturwissenschaften. 87(4), 2000, p.184-187.

T. Watsuji, A.Yamamoto, K.Motoki, K.Ueda, E.Hada, Y.Takaki, S.Kawagucci, K.Takai, "Molecular evidence of digestion and absorption of epibiotic bacterial community by deep-sea crab *Shinkaia crosnieri*", The ISME Journal, Oct 14. doi: 10.1038/ismej.2014.178. [Epub ahead of print]

H. Kuwahara, T. Yoshida, Y. Takaki, S. Shimamura, S. Nishi, M. Harada, K. Matsuyama, K. Takishita, M. Kawato, K. Uematsu, Y. Fujiwara, T. Sato, C. Kato, M. Kitagawa, I. Kato, T. Maruyama, "Reduced Genome of the Thioautotrophic Intracellular Symbiont in a Deep-Sea Clam, *Calyptogena okutanii*", Current Biology 17, May 15. DOI 10.1016/j.cub.2007.04.039, p.881-886.

Yoshihiro Fujiwara, Chiaki Kato, Noriaki Masui, Katsunori Fujikura, Shigeaki Kojima, "Dual symbiosis in the cold-seep thyasirid clam *Maorithyas hadalis* from the hadal zone in the Japan Trench, western Pacific", Mar. Ecol. Prog. Ser. 214, 2001, p.151–159.

Ken Takai, Kentaro Nakamura, Tomohiro Toki, Urumu Tsunogai, Masayuki Miyazaki, Junichi Miyazaki, Hisako Hirayama, Satoshi Nakagawa, Takuro Nunoura, and Koki Horikoshi, "Cell proliferation at 122°C and isotopically heavy CH4 production by a hyperthermophilic methanogen under high-pressure cultivation", PNAS 105 (31), 10949-10954. DOI /10.1073/pnas.0712334105, 2008.

Nogi Y. and Kato C., "Taxonomic studies of extremely barophilic bacteria isolated from the Mariana Trench and description of *Moritella yayanosii* sp. nov., a new barophilic bacterial isolate", Extremophiles, 3, 1999, p.71-77.

Kato C., Li L., Nogi Y., Nakamura Y., Tamaoka J. and Horikoshi K., "Extremely barophilic bacteria isolated from the Mariana Trench, Challenger Deep, at a depth of 11,000 meters", Appl. Environ. Microbiol., 64, 1998, 1510-1513.

久保田 正, 佐藤 武, "三保海岸(駿河湾)に生存状態で打ち上がったミズウオの記録" 東海大学紀要海洋学部「海—自然と文化」6 (3), 2008, p.11-17.

伊藤芳英, 西源二郎, 久保田正, "深海魚ミズウオ *Alepisaurus ferox* を利用した環境教育 ", 海・人・自然(東海大博研報)7, 2005, p.1-13.

窪川かおる, 丹藤由希子(東京大学海洋研究所), 山本智子(鹿児島大学水産学部), 山中寿朗(岡山大学理学部), 河戸勝, 藤原義弘(海洋研究開発機構), " 鯨骨生物群集に生息する脊索動物ゲノコツナメクジウオの網羅的遺伝子解析 ", ブルーアース2008シンポジウム要旨集, 2008, PS57.

以下、おもな参考書籍など一覧

『ダイオウイカと深海の生物』（学研パブリッシング）
『海の科学がわかる本』（成山堂書店）藤岡換太郎 編著
『潜水調査船が観た深海生物　第 2 版』（東海大学出版会）藤倉克則、奥谷喬司、丸山正 編著
『深海魚ってどんな魚』（ブックマン社）尼岡邦夫
『深海魚 暗黒街のモンスターたち』（ブックマン社）尼岡邦夫
『深海』（晋遊舎）クレール・ヌヴィアン 著
『深海のフシギな生きもの』（幻冬舎）藤倉克則、ドゥーグル・リンズィー 監修
『深海のとっても変わった生きもの』（幻冬舎）藤原義弘 著
『世界イカ類図鑑』（全国いか加工業協同組合）奥谷喬司 著
『新鮮イカ学』（東海大学出版会）奥谷喬司 著
『タコ学』（東海大学出版会）奥谷喬司 著
『ヒトデ学』（東海大学出版会）本川達雄 著
『ウニ学』（東海大学出版会）本川達雄 著
『深海と深海生物　美しき神秘の世界』（ナツメ社）海洋研究開発機構 (JAMSTEC) 監修
『深海生物のひみつ』（PHP 研究所）北村雄一 著
『クラゲ 世にも美しい浮遊生活』（PHP 研究所）村上龍男、下村侑
『最新クラゲ図鑑』（誠文堂新光社）三宅裕志、Dhugal Lindsay 著
『クラゲのふしぎ』（技術評論社）ジェーフィッシュ 著、久保田信、上野俊士郎 監修
『日本産魚類検索　第 3 版』（東海大学出版会）中坊徹次 編
『新日本動物図鑑』（北隆館）
『世界大百科事典　第 2 版』（平凡社）
『食材魚貝大百科 1』（平凡社）
『講談社の動く図鑑 MOVE 魚』（講談社）
『小学館の図鑑 NEO 水の生物』（小学館）
『深海　挑戦の歩みと驚異の生きものたち』

グラバー図譜「ギンザメ」山口敦子 (2012) 長崎大学広報誌 [チョーホー]Choho 40,19-20
生物の科学　遺伝　2014 年 5 月号　（財）遺伝学普及会　編集委員会（NTS）
新・私の古生物誌（8）—アンコウの進化古生物学—
福田芳生 (2012) The Chemical Times 2012 No.1（通巻 223 号）

世界最深部に生きるカイコウオオソコエビの食生活 (2014)
Blue Earth 129、p28-31
海に降る雪　マリンスノー 二酸化炭素の運ひ屋とその追跡方法 (2009)
Blue Earth 104、p28-31
硫化鉄の鱗を持つ巻貝「スケーリーフット」の謎に迫る (2006)
Blue Earth 9-10、p12-15
深海「ヨロイ」貝スケーリーフットの研究速報 (2013)
Blue Earth 108、p28-31
QUELLE2013 インド洋海嶺 (2013) Blue Earth 122、p4-7
地層と微生物を見て生命の初期進化に迫る (2013)
Blue Earth 125、p24-27

和名索引

生物の和名(五十音順)	学名、科名など	頁
ア		
アカカブトクラゲ	*Lampocteis cruentiventer*	119
アカチョウチンクラゲ	*Pandea rubra*	122
アカボウクジラ	*Ziphius cavirostris*	171
アズマギンザメ	*Harriotta raleighana*	32
アミガサクラゲ	*Beroe forskalii*	121
アメリカオオアカイカ	*Dosidicus gigas*	84
アルビンガイ	*Alviniconcha hessleri*	250
アルビンガイ属の一種	*Alviniconcha* sp.	251
硫黄酸化細菌		268
イガグリガニ	*Paralomis hystrix*	155
インドオニアンコウ	*Linophryne indica*	183
ウカレウシナマコ	*Peniagone dubia*	223
ウスギヌホウズキイカ	*Teuthowenia pellucida*	200
ウルトラブンブク	*Linopneustes murrayi*	146
ウロコムシ科の一種	*Lepidonotopodium jouinae*	266
ウロコムシ科の一種	*Lepidonotopodium piscesae*	267
エゾイバラガニ	*Paralomis multispina*	258
エボシナマコ	*Psychropotes longicauda*	220
エボシナマコ属の一種	*Psychropotes* sp.1	221
エボシナマコ属の一種	*Psychropotes* sp.2	221
エンセイエゾイバラガニ	*Paralomis jamsteci*	258
円石藻目の仲間	*Coccosphaerales*	139
オウムガイ	*Nautilus pompilius*	94
オオイトヒキイワシ	*Bathypterois grallator*	178
オオウミグモ科の一種	*Colossendeis* sp.	157
オオグソクムシ	*Bathynomus doederleinii*	11
オオクチホシエソ	*Malacosteus niger*	172
オオグチボヤ	*Megalodicopia hians*	140
オオタルマワシ	*Phronima sedentaria*	106
オオナミカザリダマ	*Tanea magnifluctuata*	240
オオメコビトザメ	*Squaliolus laticaudus*	43
オオヨコエソ	*Sigmops elongatus*	57
オキノテヅルモヅル	*Gorgonocephalus eucnemis*	150
オトヒメノハナガサ	*Branchiocerianthus imperator*	162
オニアンコウ科の一種	*Linophryne* sp.	183
オニキンメ	*Anoplogaster cornuta*	194
オニボウズギス	*Chiasmodon niger*	60
オビクラゲ	*Cestum veneris*	116
オヨギゴカイ	*Tomopteris pacifica*	110
オヨギゴカイ科の一種	*Tomopteridae* sp.	111
カ		
カイコウオオソコエビ	*Hirondellea gigas*	218
カイロウドウケツ	*Euplectella aspergillum*	164
カグラザメ	*Hexanchus griseus*	40
カノコケムシクラゲ	*Apolemia lanosa*	127
ガラパゴスハオリムシ	*Riftia pachyptila*	260
カリフォルニアシラタマイカ	*Histioteuthis heteropsis*	86
カンテンナマコ科の一種	*Pannychia* sp.	152

ギガントキプリス属の一種	*Gigantocypris muelleri*	109
ギガントキプリス属の一種	*Gigantocypris dracontovalis*	109
ギガントキプリス属の一種	*Gigantocypris* sp.	109
キタカブトクラゲ	*Bolinopsis infundibulum*	118
キタクシノハクモヒトデ	*Ophiura sarsi*	148
キタトックリクジラ	*Hyperoodon ampullatus*	171
キタノスカシイカ	*Galiteuthis phyllura*	91
キタユウレイクラゲ	*Cyanea capillata*	132
ギボシムシ綱の一種	*Yoda purpurata*	142
キャラウシナマコ	*Peniagone azorica*	222
ギンザメ	*Chimaera phantasma*	28
ギンザメ科の一種	*Chimaera monstrosa*	29
クジラウオ科の一種	Cetomimidae	193
クマナマコ科の仲間	Elpidiidae	224
クモヒトデ目の一種	Ophiurida	148
クラゲイソギンチャク属の一種	*Actinoscyphia* sp.1	160
クラゲイソギンチャク属の一種	*Actinoscyphia* sp.2	161
クラゲダコ	*Amphitretus pelagicus*	100
クレナイホシエソ	*Pachystomias microdon*	58
クロアンコウ	*Melanocetus murrayi*	189
クロカムリクラゲ	*Periphylla periphylla*	134
クロデメニギス	*Winteria telescopa*	53
ゲイコツナメクジウオ	*Asymmetron inferum*	234
珪藻綱の仲間	Bacillariophyceae	139
コウモリダコ	*Vampyroteuthis infernalis*	204
ゴエモンコシオリエビ	*Shinkaia crosnieri*	254
コトクラゲ	*Lyrocteis imperatoris*	114
コブハクジラ	*Mesoplodon densirostris*	171
ゴマフホウズキイカ	*Helicocranchia pfefferi*	92
コロナガマフイカ	*Histioteuthis corona*	87
コンニャクウオ属の一種	*Careproctus* sp.	74

サ

サウマティクチス科の一種	*Thaumatichthys binghami*	190
サツマハオリムシ属の一種	*Lamellibrachia* sp.	261
サメハダホウズキイカ	*Cranchia scabra*	91
ザラビクニン	*Careproctus trachysoma*	75
サルパ科の一種	Salpidae	81
シーラカンス	*Latimeria chalumnae*	46
シギウナギ	*Nemichthys scolopaceus*	48
シギウナギ属の一種	*Nemichthys* sp.	49
ジュウモンジダコ	*Grimpoteuthis hippocrepium*	98
ジュウモンジダコ属の一種	*Grimpoteuthis* sp.1	99
ジュウモンジダコ属の一種	*Grimpoteuthis* sp.2	99
シュワネラ・ベンティカ	*Shewanella benthica*	231
シロウリガイ	*Calyptogena soyoae*	248
シロヒゲホシエソ	*Melanostomias melanops*	59
シンカイウリクラゲ	*Beroe abyssicola*	120
スイショウウオ	*Chaenocephalus aceratus*	76
スカシダコ	*Vitreledonella richardi*	102
スケーリーフット	学名未記載	246
セトモノイソギンチャク科の一種	*Actinostolidae* sp.1	229
セトモノイソギンチャク科の一種	*Actinostolidae* sp.2	229
センオニハダカ	*Cyclothone acclinidens*	57

	センジュナマコ	Scotoplanes globosa	223
	ゾウギンザメ	Callorhinchus milii	30
	ソコダラ科の一種	Coryphaenoides rupestris	215
	ソコダラ科の一種	Coryphaenoides guentheri	215
	ソコダラ科の一種	Coryphaenoides mediterraneus	215
	ソコボウズ	Spectrunculus grandis	180
	ダーリアイソギンチャク	Liponema brevicornis	158
タ	ダイオウイカ	Architeuthis dux	14
	ダイオウグソクムシ	Bathynomus giganteus	10
	ダイオウホウズキイカ	Mesonychoteuthis hamiltoni	202
	ダイコクハダカ	diaphus metopoclampus	65
	タイセイヨウゴマフイカ	Histioteuthis atlantica	87
	ダイニチホシエソ属の一種	Eustomias sp.1	58
	ダイニチホシエソ属の一種	Eustomias sp.2	59
	ダイニチホシエソ属の一種	Eustomias monodactylus	59
	タルガタハダカカメガイ	Cliopsis krohni	105
	ダルマザメ	Isistius brasiliensis	42
	端脚目の一種	Alicella gigantea	219
	端脚目の一種	Eurythenes gryllus	219
	チチュウカイヒカリダンゴイカ	Heteroteuthis dispar	83
	チヒロクサウオ	Pseudoliparis belyaevi	216
	超深海微生物	————————	230
	超好熱メタン菌	————————	270
	ツチクジラ	Berardius bairdii	171
	ツヅミクラゲモドキ	Aegina citrea	131
	ツリガネクラゲ	Aglantha digitale	124
	ディープスタリアクラゲ	Deepstaria enigmatica	137
	テヅルモヅル科の一種	Gorgonocephalus chilensis	151
	テマリクラゲ属の一種	Pleurobrachia sp.	113
	テマリクラゲ科の一種	Pleurobrachiidae	113
	デメニギス	Macropinna microstoma	52
	テンガンムネエソ	Argyropelecus hemigymnus	54
	テングギンザメ	Rhinochimaera pacifica	33
	ドウケツエビ科の一種	Spongicolidae	165
	トガリサルパ	Salpa fusiformis	81
	トドハダカ	diaphus theta	65
ナ	ナガヅエエソ	Bathypterois guentheri	179
	ニシオンデンザメ	Somniosus microcephalus	44
	ニジクラゲ	Colobonema sericeum	125
	ニホンフサトゲニチリンヒトデ	Crossaster japonicus	144
	ニュウドウカジカ	Psychrolutes phrictus	196
	ヌタウナギ属の一種	Eptatretus stoutii	237
	ノロゲンゲ	Bothrocara hollandi	72
ハ	ハゲナマコ	Pannychia moseleyi	153
	ハダカイワシ属の一種	diaphus sp.	65
	ハダカカメガイ	Clione limacina	104
	ハッポウクラゲ	Aeginura grimaldii	130
	ハリイバラガニ	Lithodes longispina	154
	バレンクラゲ科の一種	Physophora sp.	128
	ハワイヒカリダンゴイカ	Heteroteuthis hawaiiensis	82
	ヒカリジュウモンジダコ	Stauroteuthis syrtensis	208
	ヒカリボヤ科の一種	Pyrosomatidae	79

	ヒゲナガダコ	Cirrothauma murrayi	206
	ヒラノマクラ	Adipicola pacifica	238
	ヒレナガチョウチンアンコウ科の一種	Caulophryne jordani	186
	ヒロベソオウムガイ	Nautilus scrobiculatus	95
	フウセンウナギ	Stauroteuthis syrtensis	213
	フウセンクラゲ属の一種	Hormiphora sp.	113
	フクロウナギ	Eurypharynx pelecanoides	213
	フサトゲニチリンヒトデ	Crossaster papposus	144
	フタマタエボシナマコ	Psychropotes belyaevi	221
	フトスジサルパ	Soestia zonaria	81
	ブラザースレパス	Vulcanolepas osheai	252
	ヘビクラゲ属の一種	Bargmannia sp.	127
	ペリカンアンコウ	Melanocetus johnsonii	188
	ホウライエソ	Chauliodus sloani	50
	ホタテナマコ	Peniagone monactinica	222
	ホネクイハナムシ属の一種	Osedax sp.1	242
	ホネクイハナムシ属の一種	Osedax sp.2	243
マ	マッコウクジラ	Physeter macrocephalus	168
	マリアナイトエラゴカイ	Paralvinella hessleri	262
	ミズウオ	Alepisaurus ferox	176
	ミズヒキイカ	Magnapinna pacifica	199
	ミズヒキイカ科の一種	Magnapinna atlantica	199
	ミツクリザメ	Mitsukurina owstoni	35
	ミツマタフタオウロコムシ	Branchinotogluma trifurcus	267
	ミツマタヤリウオ	Idiacanthus antrostomus	62
	ミドリフサアンコウ	Chaunax abei	70
	ミナミシンカイエソ	Bathysaurus ferox	174
	ムネエソ科の一種	Argyropelecus gigas	55
	ムラサキホシエソ	Echiostoma barbatum	58
	メガマウスザメ	Megachasma pelagios	18
	メダマホウズキイカ	Teuthowenia megalops	91
	メタノカルドコックス科の一種	Methanocaldococcus	271
	メタノピュルス・カンドレリ	Methanopyrus kandleri	271
	メタンアイスワーム	Hesiocaeca methanicola	264
	メンダコ	Opisthoteuthis depressa	96
	メンダコ科の仲間	Opisthoteuthis sp.	97
	モリテラ・ヤヤノシアイ	Moritella yayanosii	231
ヤ	ユウレイイカ	Chiroteuthis picteti	88
	ユウレイオニアンコウ	Haplophryne mollis	184
	ユウレイクラゲ	Cyanea nozakii	133
	ユノハナガニ	Gandalfus yunohana	256
	ユビアシクラゲ	Tiburonia granrojo	137
	ユメナマコ	Enypniastes eximia	226
	ヨコエソ科の一種	Gonostoma bathyphyllum	57
	ヨロイザメ	Dalatias licha	43
	ヨロイダラ	Coryphaenoides armatus	214
ラ	ラクダアンコウ	Chaenophryne draco	68
	ラブカ	Chlamydoselachus anguineus	36
	リュウグウノツカイ	Regalecus russelii	67
	リンゴクラゲ	Poralia rufescens	137
ワ	ワダツミウリガイ	Calyptogena pacifica	249

学名索引

学名、科名など | **頁**

A
Actinoscyphia sp.1	160
Actinoscyphia sp.2	161
Actinostolidae sp.1	229
Actinostolidae sp.2	229
Adipicola pacifica	238
Aegina citrea	131
Aeginura grimaldii	130
Aglantha digitale	124
Alepisaurus ferox	176
Alicella gigantea	219
Alviniconcha hessleri	250
Alviniconcha sp.	251
Amphitretus pelagicus	100
Anoplogaster cornuta	194
Apolemia lanosa	127
Architeuthis dux	14
Argyropelecus gigas	55
Argyropelecus hemigymnus	54
Asymmetron inferum	234

B
Bacillariophyceae	139
Bargmannia sp.	127
Bathynomus doederleinii	11
Bathynomus giganteus	10
Bathypterois grallator	178
Bathypterois guentheri	179
Bathysaurus ferox	174
Berardius bairdii	171
Beroe abyssicola	120
Beroe forskalii	121
Bolinopsis infundibulum	118
Bothrocara hollandi	72
Branchinotogluma trifurcus	267
Branchiocerianthus imperator	162

C
Callorhinchus milii	30
Calyptogena pacifica	249
Calyptogena soyoae	248
Careproctus sp.	75
Careproctus trachysoma	74
Caulophryne jordani	186
Cestum veneris	116
Cetomimidae	193
Chaenocephalus aceratus	76
Chaenophryne draco	68
Chauliodus sloani	50
Chaunax abei	70
Chiasmodon niger	60
Chimaera monstrosa	29
Chimaera phantasma	29
Chiroteuthis picteti	88
Chlamydoselachus anguineus	37
Cirrothauma murrayi	206
Clione limacina	104
Cliopsis krohni	105
Coccosphaerales	139
Colobonema sericeum	125
Colossendeis sp.	157
Coryphaenoides armatus	214
Coryphaenoides guentheri	215
Coryphaenoides mediterraneus	215
Coryphaenoides rupestris	215
Cranchia scabra	91
Crossaster japonicus	144
Crossaster papposus	144
Cyanea capillata	132
Cyanea nozakii	133
Cyclothone acclinidens	57

D
Dalatias licha	43
Deepstaria enigmatica	137
diaphus sp.	65
diaphus metopoclampus	65
diaphus theta	65
Dosidicus gigas	84

E
Echiostoma barbatum	58
Elpidiidae	224
Enypniastes eximia	226
Eptatretus stoutii	237
Euplectella aspergillum	164
Eurypharynx pelecanoides	213
Eurythenes gryllus	219
Eustomias monodactylus	59
Eustomias sp.1	58
Eustomias sp.2	59

G
Galiteuthis phyllura	91
Gandalfus yunohana	256
Gigantocypris dracontovalis	109
Gigantocypris muelleri	109
Gigantocypris sp.	109
Gonostoma bathyphyllum	57
Gorgonocephalus chilensis	151
Gorgonocephalus eucnemis	150
Grimpoteuthis hippocrepium	98
Grimpoteuthis sp.1	99
Grimpoteuthis sp.2	99

H
Haplophryne mollis	184
Harriotta raleighana	32
Helicocranchia pfefferi	92
Hesiocaeca methanicola	264
Heteroteuthis dispar	83
Heteroteuthis hawaiiensis	82

	Hexanchus griseus	40		Paralvinella hessleri	262
	Hirondellea gigas	218		Peniagone azorica	222
	Histioteuthis atlantica	87		Peniagone dubia	223
	Histioteuthis corona	87		Peniagone monactinica	222
	Histioteuthis heteropsis	86		Periphylla periphylla	134
	Hormiphora sp.	113		Phronima sedentaria	106
	Hyperoodon ampullatus	171		Physeter macrocephalus	168
I	Idiacanthus antrostomus	62		Physophora sp.	128
	Isistius brasiliensis	42		Pleurobrachia sp.	113
L	Lamellibrachia sp.	261		Pleurobrachiidae	112
	Lampocteis cruentiventer	119		Poralia rufescens	137
	Latimeria chalumnae	46		Pseudoliparis belyaevi	216
	Lepidonotopodium jouinae	266		Psychrolutes phrictus	196
	Lepidonotopodium piscesae	267		Psychropotes belyaevi	221
	Linophryne indica	182		Psychropotes longicauda	220
	Linophryne sp.	183		Psychropotes sp.1	221
	Linopneustes murrayi	146		Psychropotes sp.2	221
	Liponema brevicornis	158		Pyrosomatidae	78
	Lithodes longispina	154	R	Regalecus russelii	67
	Lyrocteis imperatoris	114		Rhinochimaera pacifica	33
M	Macropinna microstoma	52		Riftia pachyptila	260
	Magnapinna atlantica	199	S	Salpa fusiformis	81
	Magnapinna pacifica	199		Salpidae	81
	Malacosteus niger	172		Scotoplanes globosa	223
	Megachasma pelagios	18		Shewanella benthica	230
	Megalodicopia hians	140		Shinkaia crosnieri	254
	Melanocetus johnsonii	188		Sigmops elongatus	57
	Melanocetus murrayi	189		Soestia zonaria	81
	Melanostomias melanops	59		Somniosus microcephalus	44
	Mesonychoteuthis hamiltoni	202		Spectrunculus grandis	180
	Mesoplodon densirostris	171		Spongicolidae	165
	Methanocaldococcus	270		Squaliolus laticaudus	43
	Methanopyrus kandleri	270		Stauroteuthis syrtensis	208
	Mitsukurina owstoni	35	T	Tanea magnifluctuata	240
	Moritella yayanosii	230		Teuthowenia megalops	91
N	Nautilus pompilius	94		Teuthowenia pellucida	200
	Nautilus scrobiculatus	95		Thaumatichthys binghami	190
	Nemichthys scolopaceus	48		Tiburonia granrojo	137
	Nemichthys sp.	49		Tomopteridae sp.	111
O	Ophiura sarsi	148		Tomopteris pacifica	110
	Ophiurida	148	V	Vampyroteuthis infernalis	204
	Opisthoteuthis depressa	96		Vitreledonella richardi	102
	Opisthoteuthis sp.	97		Vulcanolepas osheai	252
	Osedax sp.1	242	W	Winteria telescopa	53
	Osedax sp.2	243	Y	Yoda purpurata	142
P	Pachystomias microdon	58	Z	Ziphius cavirostris	171
	Pandea rubra	122			
	Pannychia moseleyi	153			
	Pannychia sp.	152			
	Paralomis hystrix	155			
	Paralomis jamsteci	258			
	Paralomis multispina	258			

監修　奥谷 喬司　ドゥーグル リンズィー
　　　朝日田 卓　三宅 裕志

監修・その他協力　小野寺 丈尚太郎　加藤 千明　木元 克典　窪川 かおる
（五十音順）　　　杉江 恒二　高井 研　西澤 学　能木 裕一　藤原 義弘
　　　　　　　　本多 牧生　宮崎 淳一　渡部 裕美

執筆・編集　佐藤 孝子、新野 大、オフィス303（三橋 太央、深谷 芙実）
企画・編集　成美堂出版編集部（駒見 宗唯直）
デザイン・装幀　オフィス303（三橋 太央、須藤 洸）
写真　特別協力 amanaimages（下に記載のないもの全て）

- JAMSTEC（p24-25,p98,p99下,p119右下,p137中央・下,p145,p149,p153上,p166, p179上,p207,p210,p219上,p220,p221中央・上,p222下2点,p223下,p231下,p232, p237下,p244,p247,p249上,p251上,p253,p255,p258-259,p261下,p269-271）
- Yoshihiro Fujiwara/JAMSTEC（p115,p233-234,p239-243,p251下,p257,p263）
- Dhugal Lindsay/JAMSTEC（p127右）
- Chiaki Kato/JAMSTEC（p231上2種）
- Junichi Miyazaki/JAMSTEC（p271上）、Ken Takai/JAMSTEC（p271中央）
- アフロ（窪寺恒巳／国立科学博物館／AP p4, 頴娜育雄 p37,Photoshot p39,Barcroft Media p53上,AFSC/NOAA/REX FEATURES p197,ロイター p199下,Ardea p205,）
- シーピックスジャパン（カバー,p27,p34,p92,p95下,p131下,p135,p155下,p195）
- イーフォトグラフィー（増渕和彦 p163, 久保誠 p177, 宇都宮英之 p66）
- EPA＝時事（p45）
- Deepseaphotography（p191,p201,p202）
- NOAA（p29下,p178下,p181,p196,p221下,p229,p265下）
- Senckenberg Naturmuseum（p33,p172,p223上）
- 鳥取県立博物館（p1ダイオウイカ標本）
- 沼津港深海水族館（p69,p147）
- 東京大学大気海洋研究所　HADEEP（p217）
- Richard E. Young（p84上）
- Fredrik Pleijel（p267右上）
- Alan J. Jamieson（p219下）
- Charles Fisher（p265上）
- 長倉徳生（p255下を撮影）

深海生物大事典

著　者　佐藤孝子（さとう たかこ）
発行者　深見公子
発行所　成美堂出版
　　　　〒162-8445　東京都新宿区新小川町1-7
　　　　電話(03)5206-8151　FAX(03)5206-8159
印　刷　広研印刷株式会社

©Sato Takako　2015　PRINTED IN JAPAN
ISBN978-4-415-31873-8
落丁・乱丁などの不良本はお取り替えします
定価はカバーに表示してあります

・本書および本書の付属物を無断で複写、複製（コピー）、引用することは著作権法上での例外を除き禁じられています。また代行業者等の第三者に依頼してスキャンやデジタル化することは、たとえ個人や家庭内の利用であっても一切認められておりません。